손바닥 식물도감
봄꽃·봄나무 편

이동혁 지음

이비락 樂

내 손 안의 도감 ❶

초보자가 꼭 알아야 할
손바닥 식물도감 봄꽃·봄나무 편

초판 1쇄 발행 2010년 5월 12일
초판 2쇄 발행 2011년 2월 28일

지은이 이동혁

발행인 강기원
발행처 도서출판 이비컴

디자인 이승현
편 집 오미화
마케팅 김동중, 이은미
홍 보 예술배달부 이근삼

주소 서울 동대문구 신설동 96-24 세원빌딩 402호
대표전화 (02)2254-0658 팩스 (02)2254-0634
전자우편 help@bookbee.co.kr

등록일자 2002.4.9 (제6-0596호)
ISBN 978-89-6245-038-5 96480
ISBN 978-89-6245-037-8 (세트)
웹사이트 www.bookbee.co.kr

ⓒ 이동혁, 2010

· 책 값은 뒤표지에 있습니다.
· 이 책은 도서출판 이비컴이 저작권자의 계약에 따라 발행한 것이므로
  본사의 서면 허락 없이는 어떠한 형태나 수단으로도 이 책의 내용을 이용하지 못합니다.
· 파본이나 잘못 인쇄된 책은 구입하신 서점에서 교환해 드립니다.

이 도서의 국립중앙도서관 출판시도서목록(CIP)은 e-CIP 홈페이지(http://www.nl.go.kr/cip.php)에서
이용하실 수 있습니다.(CIP제어번호: 2010001585)

보다 친절한 도감을 위하여

　미치지 않으면 미치지 못한다고 했습니다. 미쳤다는 소리를 들어도 좋을 만큼 우리나라 각처에서 자라는 풀꽃나무를 찾아다니며 수백만 번의 셔터를 눌렀습니다. 그렇게 전국을 누비며 온갖 식물과 만나는 일을 운명으로 알고 온 지도 어느덧 강산이 변할 정도가 되었습니다. 그 동안 여러 수목원에 심어진 식물들을 익혔고, 각종 책자들을 수집해 대학교 졸업논문 쓸 때보다 더 열심히 공부했습니다. 그런 공부를 심해로 끌고 들어간 건 수목원의 잘못된 표찰과 도감의 오류들이었습니다. 의구심을 풀기 위해 정확한 자료를 수집하고 새로 발표된 논문 자료를 접하면서, 관습적으로 내려오는 여러 오류를 검증할 수 있었고 그러면서 더 깊은 식물의 세계로 들어갔습니다. 그런데 한 가지 아쉬운 점은 왜 기존에 나와 있는 책이나 자료들은 친절성이 부족할까 하는 점입니다. 보다 쉬운 용어로 설명하고, 헷갈리지 않게 자세히 일러주고, 설명에 나온 대로 다양하고 정확한 사진을 제시해 주면 좋으련만 그런 자료를 만나기란 쉽지 않은 일이었습니다.

　목마른 자가 우물을 판다고, 직접 친절해져 보기로 했습니다. 그러나 남이 하기 어려운 일이 제게 쉬울 리 없었습니다. 절대 기다려주는 법이 없는 꽃들, 물리적인 제약이 따르는 높고 먼 곳에 대한 부담, 자생지 정보의 한계, 그리고 책이 갖는 구조적인 제약 등으로 의도했던 만큼의 친절을 베풀기는 어려웠습니다. 기약 없이 또 여러 날이 지나가야 했습니다. 그리하여 힘닿는데까지 친절하게 내놓은 것이 바로 이 책입니다. 이 작은 책 속에서 제가 드린 친절이 조금이나마 보이신다면 더없이 기쁠 것입니다.

　저는 이 책에서 다른 것이 보입니다. 잠이 부족해 생사를 넘나들던 졸음운전의 스릴, 제때 못 먹어 속 쓰림에 시달리던 때, 미래에 대한 우울한 걱정으로 지새우던 밤의 아스라한 별빛까지 낱낱이 보입니다. 이런 것들이 더 많이 담겨있는 책이라면 더욱 친절함을 주는 책이겠지요. 보다 친절한 도감을 위하여 더욱 매진할 것을 약속드리겠습니다. 고맙습니다.

- 2010년 봄날에 책이삼촌 이동혁 드림 -

차례
Contents

일러두기	• 005
이 책의 구성	• 006
봄꽃 과별로 찾아보기	• 008
봄나무 과별로 찾아보기	• 009
봄꽃 꽃색깔로 찾아보기	• 010
봄나무 꽃색깔로 찾아보기	• 023
봄꽃 식물도감	• 029
봄나무 식물도감	• 209
용어해설	• 332
식물명 찾아보기	• 336

일러두기
Explanatory Notes

1. 이 책에는 우리나라의 산과 들에 자생하거나 심어 길러지는 야생화 328종과 나무 147종 등 총 475종을 소개하였다.

2. 식물의 분류는 개화기에 따라 시리즈의 1권인 《봄편》과 2권인 《여름·가을편》으로 나누고, 일반 도감의 배열순서처럼 각각 과별로 나누어 제시함으로써 유사종들의 특성을 비교하기 쉽게 하였다.

3. 《봄편》에서는 2월~5월 중순에 피는 야생화와 나무를, 《여름·가을편》에서는 5월 하순~11월에 피는 야생화와 나무를 다루었다. 꽃의 색깔은 크게 흰색, 노란색, 붉은색, 녹색으로 구분하였다.

4. 온난화의 영향으로 개화기가 많이 달라지고 있는 관계로, 가급적 변화된 개화기를 반영하려고 했다.

5. 식물의 올바른 이해를 위해 야생화의 경우 1개의 식물당 가급적 3장의 사진을 배치하여 소개하였고, 함께 다루면 좋은 유사종들은 1장의 사진과 함께 분포지와 식별포인트를 곁들여 소개하였다. 나무의 경우는 4장의 사진을 배치하였다.

6. 본 도서에서는 산림청의 국립수목원과 한국식물분류학회가 공동으로 운영하는 '국가표준식물목록'의 최근 자료에 의거한 국명과 학명의 정명을 따르되, 필요에 따라 필자의 개인적인 견해를 적용한 것도 있음을 밝혀둔다.

이 책의 구성
Constitution

- **꽃 색깔**
  꽃의 색깔을 표시하였습니다.

- **식물명**
  식물이름을 표시하였습니다.

- **과명, 학명, 생육기간**
  식물이 속한 과(科), 학명, 생육기간을 표시하였습니다.

- **꽃 피는 시기**
  꽃이 피기 시작하는 시기를 표시합니다.

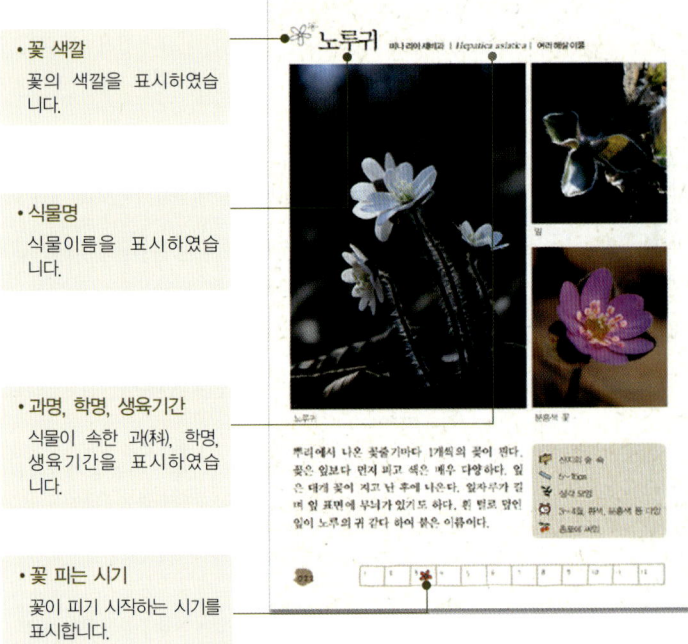

초보자가 꼭 알아야 할 손바닥 식물도감
봄꽃 • 봄나무편

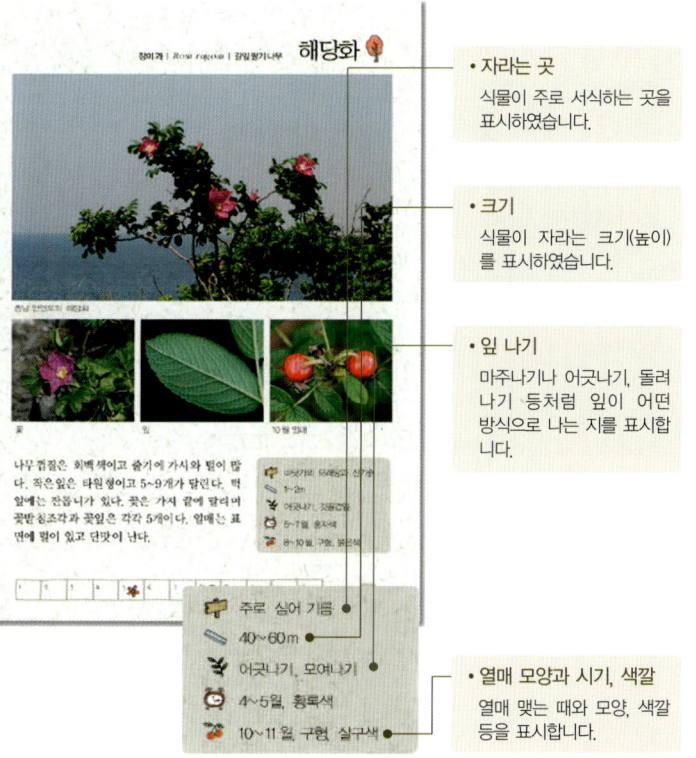

- **자라는 곳**
  식물이 주로 서식하는 곳을 표시하였습니다.

- **크기**
  식물이 자라는 크기(높이)를 표시하였습니다.

- **잎 나기**
  마주나기나 어긋나기, 돌려나기 등처럼 잎이 어떤 방식으로 나는 지를 표시합니다.

- **열매 모양과 시기, 색깔**
  열매 맺는 때와 모양, 색깔 등을 표시합니다.

봄꽃 과별로 찾아보기

단향과	• 030	산형과	• 121
마디풀과	• 031	노루발과	• 122
석류풀과	• 032	앵초과	• 124
석죽과	• 033	용담과	• 130
미나리아재비과	• 040	협죽도과	• 132
매자나무과	• 061	박주가리과	• 133
홀아비꽃대과	• 065	꽃두서니과	• 134
쥐방울덩굴과	• 066	메꽃과	• 135
양귀비과	• 068	지치과	• 136
끈끈이주걱과	• 070	꿀풀과	• 140
현호색과	• 071	가지과	• 148
십자화과	• 078	현삼과	• 149
돌나물과	• 088	질경이과	• 154
범의귀과	• 089	연복초과	• 155
장미과	• 094	마타리과	• 156
콩과	• 098	초롱꽃과	• 157
괭이밥과	• 104	국화과	• 158
대극과	• 106	백합과	• 172
운향과	• 112	천남성과	• 197
원지과	• 113	난초과	• 202
제비꽃과	• 114		

봄나무 과별로 찾아보기

은행나무과	• 210	장미과	• 260
소나무과	• 211	콩과	• 281
주목과	• 216	대극과	• 287
측백나무과	• 217	운향과	• 288
낙우송과	• 218	소태나무과	• 290
가래나무과	• 220	옻나무과	• 291
버드나무과	• 222	단풍나무과	• 292
참나무과	• 228	감탕나무과	• 297
느릅나무과	• 231	노박덩굴과	• 298
뽕나무과	• 234	고추나무과	• 302
겨우살이과	• 237	회양목과	• 304
목련과	• 238	포도과	• 305
녹나무과	• 243	보리수나무과	• 306
미나리아재비과	• 246	박쥐나무과	• 307
매자나무과	• 248	층층나무과	• 308
으름덩굴과	• 250	진달래과	• 310
방기과	• 251	때죽나무과	• 314
쥐방울덩굴과	• 252	감나무과	• 316
다래나무과	• 253	노린재나무과	• 317
차나무과	• 254	물푸레나무과	• 318
조록나무과	• 255	현삼과	• 323
범의귀과	• 256	딱총나무과	• 324
돈나무과	• 259	인동과	• 325

봄꽃 꽃색깔로 찾아보기

흰색

갈퀴덩굴 • 134

개구리발톱 • 55

개미자리 • 38

개별꽃 • 36

개지치 • 136

갯까치수염 • 125

겨자냉이 • 82

광대수염 • 144

구상난풀 • 123

금강봄맞이 • 129

금강제비꽃 • 117

긴개별꽃 • 37

꿩의바람꽃 • 44

끈끈이귀개 • 70

나도개감채 • 178

나도바람꽃 • 52

나도수정초 • 122

나도옥잠화 • 179

남도현호색 • 73

남방바람꽃 • 45

남산제비꽃 • 116

냉이 • 80

너도바람꽃 • 52

노랑무늬붓꽃 • 196

초보자가 꼭 알아야 할 손바닥 식물도감
봄꽃·봄나무편

노루귀·42　노루삼·57　느쟁이냉이·84　다닥냉이·83　달래·174

대성쓴풀·131　덩굴개별꽃·37　돌단풍·89　두루미꽃·187　들바람꽃·46

만주바람꽃·54　말냉이·81　매화마름·47　모데미풀·56　모래지치·137

문모초·151　물냉이·82　물칭개나물·152　미나리냉이·84　민둥뫼제비꽃·116

민백미꽃·133　백미꽃·133　백작약·60　백화자란·204　벼룩나물·34

봄꽃 꽃색깔로 찾아보기

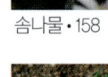 버룩이자리 · 34
 변산바람꽃 · 53
 별꽃 · 35
 봄맞이 · 128
 산마늘 · 175

 산자고 · 176
 새완두 · 100
 섬광대수염 · 144
 섬현호색 · 75
 세바람꽃 · 45

 솜나물 · 158
 쇠별꽃 · 35
 쇠뿔현호색 · 75
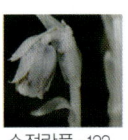 수정란풀 · 122
 애기괭이밥 · 105

 애기금강제비꽃 · 117
 애기나리 · 188
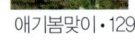 애기봄맞이 · 129
 연영초 · 193
 옥녀꽃대 · 65

 왕제비꽃 · 117
 왜제비꽃 · 119
 은방울꽃 · 183
 잔털제비꽃 · 115
 장대나물 · 85

초보자가 꼭 알아야 할 손바닥 식물도감
봄꽃 • 봄나무편

점나도나물•33	제비꽃•30	졸방제비꽃•117	좁쌀냉이•82	줄민둥뫼제비꽃•116
쥐꼬리풀•192	지치•136	참개별꽃•37	창질경이•154	초롱꽃•157
콩다닥냉이•83	콩제비꽃•115	큰개미자리•38	큰개별꽃•37	큰괭이밥•105
큰두루미꽃•187	큰애기나리•189	큰연영초•193	큰점나도나물•33	태백바람꽃•45
태백제비꽃•116	털장대•85	토끼풀•103	풀솜대•190	홀아비꽃대•65

013

봄꽃 꽃색깔로 찾아보기

홀아비바람꽃 • 44

황새냉이 • 82

흰광대나물 • 145

흰금낭화 • 71

흰꿀풀 • 143

흰민들레 • 164

흰씀바귀 • 166

흰얼레지 • 177

흰젖제비꽃 • 115

흰제비꽃 • 114

노란색

가락지나물 • 96

가지복수초 • 59

감자난초 • 206

개갓냉이 • 86

개구리미나리 • 50

개구리자리 • 48

개복수초 • 59

개소시랑개비 • 97

개쑥갓 • 162

갯괴불주머니 • 77

갯씀바귀 • 168

고들빼기 • 168

괭이밥 • 104

금괭이눈 • 91

초보자가 꼭 알아야 할 손바닥 식물도감
봄꽃·봄나무편

금난초·203	금붓꽃·196	금새우난초·207	꽃다지·79	나도냉이·80
나도양지꽃·95	노란장대·78	노랑미치광이풀·148	노랑붓꽃·196	노랑선씀바귀·167
노랑제비꽃·120	노랑할미꽃·41	누른괭이눈·91	돌나물·88	동의나물·51
만주송이풀·153	말똥비름·88	매미꽃·69	멱쇄채·161	미나리아재비·49
민눈양지꽃·95	민들레·164	방가지똥·169	뱀딸기·96	번행초·32

015

봄꽃 꽃색깔로 찾아보기

벋음씀바귀 • 167   벌노랑이 • 101   벌씀바귀 • 168   복수초 • 58   산괴불주머니 • 76

산민들레 • 165   삼지구엽초 • 62   삿갓나물 • 191   서양금혼초 • 163   서양민들레 • 165

선괭이눈 • 90   선괭이밥 • 104   세복수초 • 59   세잎양지꽃 • 94   속속이풀 • 86

솜방망이 • 159   솜양지꽃 • 95   쇠채 • 160   쇠채아재비 • 161   씀바귀 • 166

애기괭이눈 • 92   애기똥풀 • 68   애기중의무릇 • 173   애기참반디 • 121   양지꽃 • 94

초보자가 꼭 알아야 할 **손바닥 식물도감**
봄꽃 • 봄나무편

 염주괴불주머니 • 77
 왜미나리아재비 • 49
 윤판나물 • 186
 윤판나물아재비 • 186
 장백제비꽃 • 120

 젓가락나물 • 50
 좀가지풀 • 124
 좀개소시랑개비 • 97
 좀씀바귀 • 168
 중의무릇 • 173

 큰방가지똥 • 169
 피나물 • 69
 한계령풀 • 63
 회리바람꽃 • 45
 흰털괭이눈 • 93

 붉은색
 가는잎할미꽃 • 40
 각시붓꽃 • 194
 각시족도리풀 • 67
 갈퀴현호색 • 73

 개감수 • 111
 개불알풀 • 151
 개정향풀 • 132
 개족도리풀 • 67
 갯메꽃 • 135

017

봄꽃 꽃색깔로 찾아보기

갯무 • 87	갯완두 • 98	갯장구채 • 39	검은삿갓나물 • 191	고깔제비꽃 • 118
광대나물 • 145	광릉요강꽃 • 202	구슬붕이 • 130	금강애기나리 • 189	금낭화 • 71
금오족도리풀 • 67	금창초 • 140	깽깽이풀 • 64	꽃마리 • 138	꽃받이 • 139
꿀풀 • 143	낚시제비꽃 • 118	난장이붓꽃 • 195	내장금란초 • 140	넓은잎각시붓꽃 • 194
넓은잎제비꽃 • 118	넓은잎쥐오줌풀 • 156	누운주름잎 • 149	눈개불알풀 • 151	당개지치 • 137

초보자가 꼭 알아야 할 손바닥 식물도감
봄꽃 • 봄나무편

동강할미꽃 • 41	둥근털제비꽃 • 115	들현호색 • 74	등심붓꽃 • 195	떡잎골무꽃 • 147
무늬족도리풀 • 66	미치광이풀 • 148	반디지치 • 137	배암차즈기 • 146	백선 • 112
벌깨덩굴 • 142	벌깨풀 • 142	복주머니란 • 202	분홍할미꽃 • 41	붉은참반디 • 121
붉은토끼풀 • 103	붓꽃 • 195	뻐꾹채 • 171	뽈냉이 • 81	산달래 • 174
산작약 • 60	산지치 • 137	살갈퀴 • 99	새우난초 • 207	서울제비꽃 • 118

봄꽃 꽃색깔로 찾아보기

서울족도리풀 • 67

선개불알풀 • 151

선씀바귀 • 167

설앵초 • 127

섬노루귀 • 43

섬초롱꽃 • 157

수염현호색 • 73

앉은부채 • 200

알록제비꽃 • 119

애기송이풀 • 153

애기풀 • 113

앵초 • 126

약난초 • 205

양장구채 • 39

얼레지 • 177

얼치기완두 • 100

왜현호색 • 72

자란 • 204

자운영 • 102

자주광대나물 • 145

자주괭이밥 • 105

자주괴불주머니 • 76

자주솜대 • 190

자주잎제비꽃 • 119

자주족도리풀 • 66

초보자가 꼭 알아야 할 손바닥 식물도감
봄꽃 · 봄나무편

점현호색 · 75	정향풀 · 132	제비꽃 · 114	조개나물 · 141	조선현호색 · 73
족도리풀 · 66	좀현호색 · 75	주름잎 · 149	쥐오줌풀 · 156	지칭개 · 170
참꽃마리 · 138	처녀치마 · 172	큰개불알풀 · 150	큰구슬붕이 · 130	큰앵초 · 127
타래붓꽃 · 195	털갯완두 · 98	털제비꽃 · 119	할미꽃 · 40	현호색 · 72
호제비꽃 · 120	흰털제비꽃 · 120	녹색	가지괭이눈 · 90	꿩의다리아재비 · 61

021

봄꽃 꽃색깔로 찾아보기

대극 · 106	 두메대극 · 107	 둥굴레 · 184	 둥근잎천남성 · 198	 등대풀 · 109
 반하 · 197	 방울비짜루 · 181	 보춘화 · 208	 붉은대극 · 108	 비짜루 · 180
 섬남성 · 199	 수영 · 31	 안면용둥굴레 · 185	 암대극 · 107	 애기수영 · 31
 연복초 · 155	 용둥굴레 · 185	 점박이천남성 · 199	 죽대 · 186	 진황정 · 184
 창포 · 201	 천남성 · 198	 천문동 · 182	 층층둥굴레 · 186	 큰천남성 · 199

봄나무 꽃색깔로 찾아보기

 흰색

 가막살나무 • 327
 고광나무 • 256
 고추나무 • 302
 괴불나무 • 330

 국수나무 • 260
 귀룽나무 • 270
 노린재나무 • 317
 다래나무 • 253
 덜꿩나무 • 326

 돈나무 • 259
 돌배나무 • 277
 때죽나무 • 314
 마가목 • 280
 매화말발도리 • 257

 목련 • 238
 미선나무 • 320
 바위말발도리 • 257
 박쥐나무 • 307
 백당나무 • 328

 백목련 • 238
 별목련 • 239
 병아리꽃나무 • 262
 보리수나무 • 306
 분꽃나무 • 325

봄나무 꽃색깔로 찾아보기

 산돌배 • 277
 산딸기 • 265
 산딸나무 • 309
 산벚나무 • 271
 산사나무 • 272

 시베리아살구 • 273
 아그배나무 • 275
 아까시나무 • 284
 야광나무 • 274
 오미자덩굴 • 242

 윤노리나무 • 278
 이팝나무 • 318
 일본목련 • 239
 조팝나무 • 261
 쥐똥나무 • 319

 쪽동백나무 • 315
 찔레나무 • 268
 층층나무 • 308
 콩배나무 • 276
 큰꽃으아리 • 247

 팥배나무 • 279
 할미밀망 • 246
 함박꽃나무 • 240
 노란색
 갈참나무 • 230

초보자가 꼭 알아야 할 손바닥 식물도감
봄꽃·봄나무편

감태나무·245　개나리·321　개느삼·282　개옻나무·291　갯버들·222

겨우살이·237　고로쇠나무·296　고욤나무·316　골담초·285　굴피나무·220

까마귀밥나무·258　꾸지뽕나무·235　난티잎개암나무·227　느티나무·232　등칡·252

딱총나무·324　매발톱나무·249　매자나무·248　병꽃나무·329　복자기·293

비목나무·243　상수리나무·228　새모래덩굴·251　생강나무·244　섬매발톱나무·249

봄나무 꽃색깔로 찾아보기

 신나무 • 292
 실거리나무 • 281
 왕매발톱나무 • 249
 왕버들 • 225
 죽단화 • 263

 초피나무 • 288
 키버들 • 223
 튤립나무 • 241
 호랑가시나무 • 297
 호랑버들 • 224

 황매화 • 263
 회양목 • 304
 히어리 • 255
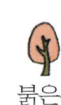 붉은색
 굴거리나무 • 287

 닥나무 • 236
 단풍나무 • 294
 당단풍나무 • 295
 동백나무 • 254
 등 • 283

 멍석딸기 • 267
 복분자딸기 • 264
 산철쭉 • 312
 양버들 • 226
 오동나무 • 323

초보자가 꼭 알아야 할 손바닥 식물도감
봄꽃 • 봄나무편

 올괴불나무 • 331
 으름덩굴 • 250
 자목련 • 239
 자주목련 • 239
 정금나무 • 313

 족제비싸리 • 286
 줄딸기 • 266
 진달래 • 310
 철쭉 • 311
 해당화 • 269

녹색

 가래나무 • 221
 곰솔 • 215
 구상나무 • 212
 낙우송 • 219

 노박덩굴 • 299
 느릅나무 • 231
 말오줌때 • 303
 메타세쿼이아 • 218
 물푸레나무 • 322

 뽕나무 • 234
 산뽕나무 • 234
 상산 • 289
 소나무 • 214
 소태나무 • 290

027

봄나무 꽃색깔로 찾아보기

 왕머루 • 305
 은행나무 • 210
 잣나무 • 213
 전나무 • 211
 주목 • 216

 참회나무 • 301
 팽나무 • 233
 푼지나무 • 298
 향나무 • 217
 화살나무 • 300

손바닥 식물도감

봄꽃편

제비꿀

단향과 | *Thesium chinense* | 여러해살이풀

제비꿀

꽃

7월 열매

반기생식물이다. 줄기는 1개 또는 여러 개로 갈라져서 비스듬히 선다. 잎자루가 없고 잎 가장자리는 밋밋하며 털이 없다. 꽃은 잎겨드랑이에서 1개씩 핀다. 꽃잎은 없고 꽃받침통의 끝이 4~6개로 갈라져 꽃잎처럼 보인다.

- 산기슭의 양지바른 풀밭
- 15~35cm
- 어긋나기, 가느다란 선형
- 5~6월, 흰색
- 타원형, 그물무늬가 있음

마디풀과 | *Rumex acetosa* | 여러해살이풀

수영

수영

6월 열매

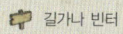
애기수영

줄기는 곧고 세로줄이 있다. 줄기잎은 피침형이고 위로 갈수록 잎자루가 짧아지면서 줄기를 감싼다. 잎에서 신맛이 난다. 암수딴포기다. '애기수영(*R. acetosella*)'은 수영보다 작고 잎이 창 또는 화살촉 모양인 점이 다르다.

- 길가나 빈터
- 30~80cm
- 어긋나기, 긴 타원 모양
- 5~6월, 녹색, 원추화서
- 삼각상 타원형

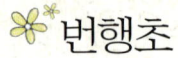
번행초
석류풀과 | *Tetragonia tetragonoides* | 여러해살이풀

번행초

꽃

10월 열매

줄기에 털이 없고 사마귀 같은 돌기가 있다. 잎과 줄기 전체가 통통한 다육질이다. 꽃은 잎겨드랑이에 1~2개씩 핀다. 수술은 9~16개이고 암술대는 4~6개이다. 번행초(番杏草, 蕃杏草) 외에 '번향', 또는 '갯상추'라고도 한다.

- 남부지방 바닷가 모래땅
- 40~60cm
- 어긋나기, 삼각상 난형
- 4~10월, 노란색
- 난형

석죽과 | *Cerastium holosteoides* var. *hallaisanense* | 두해살이풀

점나도나물

점나도나물

꽃

큰점나도나물

줄기는 검은 자줏빛이 돈다. 잎은 가장자리가 밋밋하고 털이 많다. 꽃잎이 꽃받침과 길이가 비슷하며 끝이 2개로 갈라진다. 점나도나물보다 크고 꽃잎이 꽃받침보다 2배 정도 긴 것은 '큰점나도나물(*C. fischerianum*)'이라고 한다.

- 길가나 풀밭
- 15~30cm
- 마주나기, 난형
- 5~6월, 흰색
- 원통형

벼룩나물

석죽과 | *Stellaria alsine* var. *undulata* | 두해살이풀

벼룩나물

군생

벼룩이자리

잎자루가 없다. 줄기가 땅을 기다가 윗부분에서 비스듬히 선다. 꽃잎이 5개이고 각각 2갈래로 갈라지며 암술대는 3개이다. 벼룩나물처럼 작지만 꽃잎이 5개이고 갈라지지 않는 것은 '벼룩이자리(*Arenaria serpyllifolia*)' 이다.

- 빈디나 논밭
- 15~25cm
- 마주나기, 긴 타원형
- 4~5월, 흰색
- 신장형

석죽과 | *Stellaria media* | 두해살이풀 # 별꽃

별꽃

꽃

쇠별꽃

줄기 밑부분의 잎은 잎자루가 있고 윗부분의 잎은 잎자루가 없다. 꽃잎은 5장이고 각각 2갈래로 갈라지며 암술대는 3개이다. 별꽃과 비슷하지만 잎밑이 심장형이고 암술대가 5개인 것은 '쇠별꽃(*S. aquatica*)' 이라고 한다.

- 길가나 밭둑
- 10~20cm
- 마주나기, 끝이 뾰족한 난형
- 5~6월, 흰색
- 난형

개별꽃

석죽과 | *Pseudostellaria heterophylla* | 여러해살이풀

개별꽃

꽃

꽃자루의 털

땅속에 1~2개의 덩이뿌리가 달린다. 줄기 위쪽 잎이 크다. 꽃은 줄기 끝에 1~5개가 달린다. 꽃잎은 5장이고 끝이 오목하게 파이는 점이 특징이다. 꽃자루는 2~3cm이다. 꽃자루와 줄기에 줄로 돋은 털이 있다.

- 산의 숲 속
- 10~15cm
- 마주나기, 피침형
- 4~5월, 흰색
- 둥근 난형

큰개별꽃

참개별꽃

긴개별꽃

덩굴개별꽃

'큰개별꽃(*P. palibiniana*)'은 개별꽃과 달리 꽃자루에 털이 없고 꽃잎 끝이 파이지 않는다. '참개별꽃(*P. coreana*)'은 개별꽃처럼 꽃자루에 줄로 돋은 털이 있으나 원줄기에는 없으며 꽃잎 끝이 파이지 않고 피침형이다. '긴개별꽃(*P. japonica*)'은 잎 양면에 털이 있고 가장자리와 뒷면 맥 위에도 긴 털이 있으며 잎밑이 원형을 이룬다. '덩굴개별꽃(*P. davidii*)'은 잎 가장자리의 밑부분에만 긴 털이 있으며 꽃이 진 다음에 가지가 덩굴처럼 된다.

개미자리

석죽과 | *Sagina japonica* | 여러해살이풀

개미자리

꽃

큰개미자리

줄기는 밑에서 많이 갈라진다. 꽃잎은 5장이고 수술은 5 또는 10개이며 암술대는 5개이다. 윗부분에만 짧은 샘털이 있다. '큰개미자리(*S. maxima*)'는 잎이 줄기 아래쪽에서 방석처럼 모여나고 꽃자루와 꽃받침에 샘털이 있다.

- 양지바른 풀밭이나 그늘진 곳
- 10~20cm
- 마주나기, 짧은 바늘 모양
- 5~8월, 흰색
- 구형, 5갈래로 갈라짐

석죽과 | *Silene aprica* var. *oldhamiana* | 두해살이풀

갯장구채

갯장구채

흰색 꽃

양장구채

줄기에 회백색 털이 빽빽이 난다. 잎자루는 짧거나 거의 없다. 짧은 통 모양의 꽃받침은 끝이 5개로 갈라지고 꽃잎은 2갈래로 갈라진다. 제주도에 귀화하여 자라며 긴 털이 많은 것은 '양장구채(*S. gallica*)' 라고 한다.

- 중부 이남의 바닷가
- 40~50cm
- 마주나기, 피침형
- 4~6월, 분홍색, 흰색
- 난형

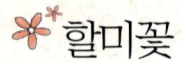
할미꽃

미나리아재비과 | *Pulsatilla koreana* | 여러해살이풀

할미꽃

5월 열매

가는잎할미꽃

전체에 흰 털이 많다. 꽃잎처럼 보이는 꽃받침잎에도 털이 많다. 암술과 수술이 많이 달린다. '백두옹(白頭翁)'으로도 불린다. 제주도에서 자라고 꽃받침잎이 조금 짧으며 잎이 가는 것은 '가는잎할미꽃(*P. cernua*)'이라고 한다.

- 양지바른 풀밭
- 25~40cm
- 잎자루가 긴 깃꼴겹잎
- 3~5월, 적자색
- 씨에 암술대가 붙어 있음

분홍할미꽃

노랑할미꽃

동강할미꽃

동강할미꽃 붉은 보라색 꽃

'분홍할미꽃(*P. dahurica*)'은 북부지방에서 자라고 식물체가 작으며 분홍색 꽃이 핀다. '노랑할미꽃(for. *flava*)'은 중부지방과 남부지방의 산지에 드물게 자라며 연한 노란색 꽃이 핀다. 꽃의 색에 변이가 좀 있는 편이다. 강원도 동강 주변의 암벽 지대에서 자라는 '동강할미꽃(*P. tongkangensis*)'은 할미꽃에 비해 잎이 넓고 꽃받침잎의 폭이 좁으며 암술과 수술의 수가 적으며 다양한 색으로 핀다.

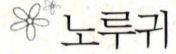

노루귀

미나리아재비과 | *Hepatica asiatica* | 여러해살이풀

노루귀

잎

분홍색 꽃

뿌리에서 나온 꽃줄기마다 1개씩의 꽃이 핀다. 꽃은 잎보다 먼저 피고 색은 매우 다양하다. 잎은 대개 꽃이 지고 난 후에 나온다. 잎자루가 길며 잎 표면에 무늬가 있기도 하다. 흰 털로 덮인 잎이 노루의 귀 같다 하여 붙은 이름이다.

- 산지의 숲 속
- 5~15cm
- 삼각 모양
- 3~4월, 흰색, 분홍색 등 다양
- 총포에 싸임

청보라색 꽃

새끼노루귀

섬노루귀

섬노루귀의 6월 열매

노루귀에 비해 잎이 작고 잎몸의 갈래조각의 끝이 둔하며 잎 표면에 얼룩무늬가 있는 것은 '새끼노루귀(*H. insularis*)'라고 한다. 새끼노루귀는 제주도를 비롯하여 남부 섬지방에서 발견되는 것을 일컫는다. 그러나 서해 도서지방과 남부 내륙지방에 자생하는 노루귀도 작고 중간형인 것이 있다. 울릉도의 숲 속에서 자라고 꽃과 잎이 대형이며 겨울에도 푸른 잎이 남아 있는 것은 '섬노루귀(*H. maxima*)'라고 한다. 섬노루귀는 열매의 끝부분이 검다.

꿩의바람꽃

미나리아재비과 | *Anemone raddeana* | 여러해살이풀

꿩의바람꽃

4월 열매

홀아비바람꽃

잎보다 먼저 꽃줄기가 올라와 꽃이 핀다. 꽃잎처럼 보이는 꽃받침잎이 8~16장까지 난다. 꽃 밑에 3장의 포엽이 돌려붙는다. '홀아비바람꽃(*A. koraiensis*)'은 흰색 꽃이 꽃줄기 끝에 1개씩 피며 꽃받침잎은 5~6장이 난다.

- 중부 이북의 숲 속
- 10~25cm
- 1장이 나오고 2회3출엽
- 3~5월, 흰색
- 난형, 씨에 잔털이 있음

회리바람꽃

태백바람꽃

남방바람꽃

세바람꽃

 '회리바람꽃(A. reflexa)'은 중부 이북의 산지에서 자라며 포엽이 3장이고 3갈래로 깊게 갈라진다. 작은 꽃이 피며 꽃받침잎 5장이 완전히 뒤로 젖혀진다. '태백바람꽃(A. pendulisepala)'은 태백산에서 자라며, 들바람꽃과 비슷하나 꽃이 작고 꽃받침잎이 뒤로 젖혀지는 점이 다르다. '남방바람꽃(A. flaccida)'은 포엽에 자루가 없고 꽃이 1~3개가 달린다. '세바람꽃(A. stolonifera)'은 한라산에서 자라며 꽃대가 2~3개가 나오고 꽃받침잎에 잔털이 많다.

들바람꽃

미나리아재비과 | *Anemone amurensis* | 여러해살이풀

들바람꽃

포엽의 자루의 날개

꽃받침잎의 뒷면이 분홍색인 것

꽃줄기 끝에 3장의 포엽이 돌려난다. 포엽의 자루에 날개가 있는 점이 특징이다. 꽃은 긴 꽃자루 끝에 1개씩 핀다. 꽃받침잎은 5~7장이 나고 꽃잎처럼 보인다. 꽃받침잎의 뒷면이 분홍색을 띠는 것도 있다.

- 경기 이북의 숲 근처
- 10~15cm
- 2회 3출겹잎
- 4~5월, 흰색
- 난형, 씨방에 털이 있음

미나리아재비과 | *Ranunculus kazusensis* | 한두해살이풀

매화마름

매화마름

꽃

5월 열매

줄기는 속이 비고 가지가 갈라지며 마디에서 뿌리가 내린다. 잎과 마주난 꽃자루가 물 위로 나와 1개씩의 꽃이 핀다. 꽃잎은 4~5장이고 안쪽이 노란색을 띤다. 꽃이 물매화와 비슷하고 잎은 붕어마름을 닮았다 하여 붙은 이름이다.

- 서해와 남해의 해안 주변 논
- 30~50cm
- 어긋나기, 가는 실 모양
- 4~5월, 흰색
- 원형

개구리자리

미나리아재비과 | *Ranunculus sceleratus* | 한두해살이풀

개구리자리

꽃

뿌리잎

줄기는 속이 비어 있고 전체에 털이 없다. 뿌리잎은 신장형이고 잎자루가 길며 줄기잎은 위로 갈수록 잎자루가 짧다. 잎은 광택이 난다. 꽃받침잎과 꽃잎은 각각 5개이다. '늪바구지' 또는 '놋동이풀' 이라고도 한다.

- 논이나 습지
- 30~60cm
- 어긋나기, 3갈래로 갈라짐
- 4~6월, 노란색
- 타원형

| 1 | 2 | 3 | 4 | 5 | 6 | 7 | 8 | 9 | 10 | 11 | 12 |

미나리아재비과 | *Ranunculus japonicus* | 여러해살이풀

미나리아재비

미나리아재비

뿌리잎

왜미나리아재비

줄기에 털이 있다. 뿌리잎은 잎자루가 길고 3~5개로 깊게 갈라진다. 줄기 위쪽으로 올라갈수록 잎자루가 짧다. '왜미나리아재비(*R. franchetii*)'는 높은 산지에서 자라며 전체적으로 털이 없으며 키가 30cm 이하로 왜소하다.

- 산과 들의 습기 있는 풀밭
- 50~70cm
- 3갈래, 선형으로 갈라짐
- 5~6월, 노란색
- 끝이 뭉툭함

049

개구리미나리

미나리아재비과 | *Ranunculus tachiroei* | 두해살이풀

개구리미나리

잎

젓가락나물

전체적으로 털이 있다. 뿌리잎은 잎자루가 길지만 위로 갈수록 짧아진다. 갈라진 잎은 가장자리에 고르지 않은 톱니가 있다. 꽃은 줄기 끝에 핀다. '젓가락나물(*R. chinensis*)'은 잎 양면에 거친 털이 많고 열매가 타원형이다.

- 습기 있는 양지 쪽
- 50~100cm
- 2회3출엽으로 깊게 갈라짐
- 5~7월, 노란색
- 별 모양의 덩이

미나리아재비과 | *Caltha palustris* | 여러해살이풀

동의나물

동의나물

꽃

5월 열매

뿌리잎은 둥근 신장형이고 가장자리에 톱니가 있다. 줄기잎은 잎자루가 짧거나 거의 없다. 꽃은 줄기 끝에 1~2개씩 핀다. 꽃잎은 없고 꽃잎처럼 보이는 꽃받침잎이 5~7개가 달린다. 잎을 물동이처럼 썼다 해서 붙은 이름이다.

- 산 속의 습한 곳
- 30~60cm
- 어긋나기, 둥근 신장형
- 4~5월, 노란색
- 방사상으로 배열

너도바람꽃

미나리아재비과 | *Eranthis stellata* | 여러해살이풀

너도바람꽃

5월 열매

나도바람꽃

땅속에 둥근 덩이줄기가 있다. 포엽은 불규칙한 깃꼴로 갈라진다. 꽃잎처럼 보이는 꽃받침잎은 5~8장이 난다. 꽃잎은 노란색이고 수술처럼 보인다. '나도바람꽃(*Enemion raddeanum*)'은 키가 크고 꽃이 산형화서로 여러 개가 핀다.

- 깊은 산의 계곡 주변
- 10~15cm
- 잎자루가 길고 3개로 갈라짐
- 3~4월, 흰색
- 반월형, 방사상으로 배열

미나리아재비과 | *Eranthis byunsanensis* | 여러해살이풀

변산바람꽃

변산바람꽃

뿌리잎과 4월 열매

덩이줄기

땅속에 둥근 덩이줄기가 있다. 포엽은 2개이고 3~5개의 선형으로 갈라진다. 꽃잎처럼 보이는 꽃받침잎은 5~7개이고 겹으로 달리기도 한다. 꽃잎은 노란빛이 도는 녹색이고 4~11개이다. 변산에서 처음 발견되어 붙은 이름이다.

- 산지의 숲
- 10~15cm
- 뿌리잎은 5각형, 깊게 갈라짐
- 2~3월, 흰색
- 반월형, 방사상으로 배열

만주바람꽃

미나리아재비과 | *Isopyrum mandshuricum* | 여러해살이풀

만주바람꽃

꽃받침잎 안쪽의 꽃잎

덩이줄기

땅속에 여러 개의 덩이줄기가 있다. 줄기잎은 2~3개가 달린다. 꽃받침잎은 꽃잎처럼 보이고 4~5개이다. 진짜 꽃잎은 흰색이고 꽃받침잎과 수술 사이에 세워져 있다. 최초 발견지인 만주에서 자라는 바람꽃이라는 뜻의 이름이다.

- 계곡 주변
- 10~20cm
- 줄기잎은 1~2회 3출엽
- 3~5월, 누른빛이 도는 흰색
- 둥글고 2개씩 달림

| 1 | 2 | 3 | 4 | 5 | 6 | 7 | 8 | 9 | 10 | 11 | 12 |

미나리아재비과 | *Semiaquilegia adoxoides* | 여러해살이풀

개구리발톱

개구리발톱

활짝 핀 꽃

5월 열매

땅속에 덩이줄기가 있다. 잎 앞면에 흰 무늬가 나타나기도 한다. 가지 끝에 1개씩의 꽃이 핀다. 꽃잎처럼 보이는 꽃받침잎이 5개가 난다. 꽃잎은 5개이고 꽃받침잎의 절반 길이이다. 밑에 통 모양의 짧은 꿀주머니가 있다.

- 남부지방과 서해 섬의 산기슭
- 10~30cm
- 뿌리잎은 3출엽, 뒷면은 흰빛
- 4~5월, 흰색, 담홍색
- 매 발톱 모양

모데미풀

미나리아재비과 | *Megaleranthis saniculifolia* | 여러해살이풀

모데미풀

꽃

5월 열매

뿌리잎은 3갈래로 갈라지고 다시 깊게 2~3개로 갈라지며 가장자리에 날카로운 톱니가 있다. 줄기잎은 없다. 줄기잎처럼 생긴 포엽이 달린다. 꽃잎처럼 보이는 꽃받침잎은 5개이다. 꽃잎은 수술 속에 섞여 황색의 꿀샘을 이룬다.

- 깊은 산의 습기 많은 숲
- 10~25cm
- 뿌리잎은 손바닥 모양
- 4~5월, 흰색
- 반월형, 방사상으로 배열

미나리아재비과 | *Actaea asiatica* | 여러해살이풀

노루삼

노루삼

잎

9월 열매

줄기는 곧게 선다. 작은잎은 난형이고 끝이 뾰족하며 가장자리에 결각 모양의 불규칙한 톱니가 있다. 줄기 끝에 꽃이 빽빽하게 모여 핀다. 새순이 돋을 때에는 식물체에 가시 같은 붉은 털이 빽빽하게 난다.

- 산지의 그늘진 숲 속
- 40~70cm
- 어긋나기, 2~4회 3출겹잎
- 5~6월, 흰색, 총상화서
- 원형, 검은색

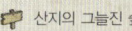

057

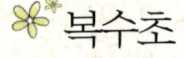 # 복수초
미나리아재비과 | *Adonis amurensis* | 여러해살이풀

복수초

꽃받침잎

4월 열매

땅속에 흑갈색의 잔뿌리가 있다. 잎의 갈래조각은 피침형이다. 꽃은 대개 1개씩 피며 잎보다 먼저 또는 동시에 핀다. 꽃잎과 꽃받침잎의 길이가 비슷하다. 꽃받침잎은 대개 8개다. '눈색이꽃' 또는 '얼음새꽃'이라고도 한다.

- 깊은 산의 숲 속
- 10~25cm
- 어긋나기, 2회 깃꼴겹잎
- 3~4월, 노란색
- 원형

개복수초 | 개복수초의 꽃받침잎

세복수초 | 세복수초의 꽃받침잎

가지가 갈라지면서 꽃이 여러 개가 피고 꽃이 복수초에 비해 대형이며 꽃받침잎이 5~6개이고 꽃잎이 꽃받침잎보다 긴 것은 '개복수초(*A. pseudoamurensis*)'라고 한다. 개복수초는 복수초보다 개화기가 빠른 편이다. 가지복수초(*A. ramosa*)는 없는 것으로 본다. '세복수초(*A. multiflora*)'는 제주도의 숲 속에서 자라는 것으로, 잎이 더욱 가늘어서 붙은 이름이다. 꽃받침잎은 보통 5장이며 폭이 길이보다 넓어서 구별된다.

백작약 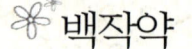 미나리아재비과 | *Paeonia japonica* | 여러해살이풀

백작약

7월 열매

산작약

통통한 다육질의 뿌리를 약으로 쓴다. 줄기는 곧추선다. 잎자루가 길고 작은잎은 타원형 또는 도란형이며 가장자리는 밋밋하다. 꽃받침잎은 3개, 꽃잎은 5~7개이다. '산작약(*P. obovata*)'은 꽃이 분홍색을 띤 적색이다.

- 산지의 숲 속
- 50~60cm
- 어긋나기, 2회3출엽
- 5~6월, 흰색
- 2갈래

매자나무과 | *Caulophyllum robustum* | 여러해살이풀

꿩의다리아재비

꿩의다리아재비

꽃

8월 열매

줄기는 곧게 서고 전초에 털이 없다. 작은잎은 긴 타원형이고 가장자리는 밋밋하다. 앞면은 윤기가 나고 뒷면은 연한 녹색이다. 꽃잎처럼 보이는 꽃받침잎이 6장이고 꽃잎 6장은 꽃받침잎 안쪽에 마주난다. 수술은 6개이다.

- 중부 이북의 깊은 산
- 60~100cm
- 어긋나기, 2~3회 3출겹잎
- 5~6월, 녹황색, 원추화서
- 원형 또는 타원형

| 1 | 2 | 3 | 4 | 5 | 6 | 7 | 8 | 9 | 10 | 11 | 12 |

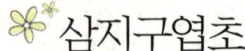
삼지구엽초
매자나무과 | *Epimedium koreanum* | 여러해살이풀

삼지구엽초

꽃

잎

땅속의 뿌리줄기가 옆으로 벋는다. 가지가 3개로 갈라지고 각각의 가지에 3개의 잎이 달린다. 작은잎은 가장자리에 가시 같은 털이 있다. 꽃은 아래를 향해 달리고 꽃받침잎은 8장, 꽃잎은 4장이다. '음양곽'이라고도 한다.

- 숲 속의 나무 밑
- 20~30cm
- 3장씩의 난형
- 4~5월, 연한 노란색
- 선형

| 1 | 2 | 3 | 4 | 5 | 6 | 7 | 8 | 9 | 10 | 11 | 12 |

매자나무과 | *Leontice microrhyncha* | 여러해살이풀

한계령풀

한계령풀

꽃

4월 열매

땅속 깊이 덩이줄기가 있다. 작은잎은 타원형이고 3장씩 붙는다. 가장자리는 밋밋하고 끝이 둥글다. 잎처럼 보이는 턱잎이 줄기를 둘러싼다. 꽃은 줄기 끝에 촘촘히 달리고, 포엽은 잎 모양이다. 덩이줄기 때문에 '메감자'라고도 한다.

- 중부 이북의 높은 산
- 30~40cm
- 2회3출엽
- 4~5월, 노란색, 총상화서
- 원형

깽깽이풀

매자나무과 | *Jeffersonia dubia* | 여러해살이풀

깽깽이풀

수술이 노란색인것

4월 열매

뿌리줄기가 옆으로 자란다. 잎은 가장자리에 물결 모양의 굴곡이 있고 잎자루가 길다. 꽃줄기 끝에 1개씩의 꽃이 피며 암술과 수술의 색이 노란색 또는 자주색이다. 씨에 커다란 밀선이 달려 있어서 개미에 의해 옮겨진다.

- 산골짜기 또는 산자락
- 10~20cm
- 모여나기, 방패 모양
- 4~5월, 연한 보라색
- 타원형

홀아비꽃대과 | *Chloranthus japonicus* | 여러해살이풀

홀아비꽃대

홀아비꽃대

잎과 꽃차례

옥녀꽃대

잎 가장자리의 톱니가 날카롭고 자줏빛을 띤다. 수술의 길이가 짧고 꽃차례가 잎보다 밖으로 나와 보인다. '옥녀꽃대(*C. fortunei*)'는 잎 가장자리의 톱니가 약간 무디고 수술이 가늘고 길며 꽃차례가 잎에 파묻히는 점이 다르다.

- 산지의 바람이 잘 드는 그늘
- 20~30cm
- 2장씩 마주나기, 타원형
- 4~5월, 흰색
- 길쭉함

족도리풀

쥐방울덩굴과 | *Asarum sieboldii* | 여러해살이풀

족도리풀

자주족도리풀

무늬족도리풀

꽃받침조각 끝이 무디거나 살짝 말려 앞쪽으로 휘는 것 모두 족도리풀로 본다. 잎이 자주색이고 꽃이 흑자색인 것은 '자주족도리풀(for. *koreanum*)'이다. 흰 점이 꽃받침 통부에 있는 것은 '무늬족도리풀(*A. versicolor*)'이다.

- 산지의 숲 속
- 10~20cm
- 뿌리줄기에서 2개씩, 심장형
- 4~5월, 흑자색
- 구형

각시족도리풀   서울족도리풀

금오족도리풀

개족도리풀

 '각시족도리풀(*A. glabrata*)'은 꽃이 크고 꽃받침 갈래조각이 뒤로 젖혀져 밀착하며 잎자루에 털이 없다. '서울족도리풀(*A. heterotropoides* var. *seoulense*)'은 꽃이 대형이고 꽃받침 갈래조각이 뒤로 젖혀지며 잎자루와 잎 양면에 털이 있다. '금오족도리풀(*A. patens*)'은 꽃받침 갈래조각이 전체적으로 편평하여 끝이 앞쪽으로 휘지 않는다. 남부지방에서 자라는 '개족도리풀(*A. maculatum*)'은 잎이 두꺼우며 대개 흰 무늬가 나타난다.

애기똥풀

양귀비과 | *Chelidonium majus var. asiaticum* | 두해살이풀

애기똥풀

잎에서 나온 액

10월 열매

줄기는 곧게 서지만 연약하다. 어릴 때는 털이 많으나 점차 없어진다. 잎 가장자리에 둔한 톱니가 있다. 잎을 자르면 애기똥풀처럼 노란 액이 나오며 독성이 있다. 꽃받침은 2개, 꽃잎은 4개이며 수술은 여러 개이고 암술은 1개이다.

- 들과 숲 가장자리
- 30~80cm
- 어긋나기, 깃꼴로 갈라짐
- 5~10월, 노란색, 산형화서
- 기둥 모양, 씨는 검은색

양귀비과 | *Hylomecon vernalis* | 여러해살이풀

피나물

피나물

군락

매미꽃

잎이나 줄기를 자르면 주황색 액이 나온다. 잎겨드랑이에 꽃줄기가 달린다. 남부지방에서 자라는 '매미꽃(*Coreanomecon hylomeconoides*)'은 꽃줄기가 뿌리에서 바로 올라오고 맨 끝의 작은잎이 넓고 큰 점이 피나물과 다르다.

- 산지의 숲 속
- 20~30cm
- 어긋나기, 5장의 깃꼴겹잎
- 4~5월, 노란색
- 기둥 모양, 씨는 검은색

| 1 | 2 | 3 | 4 | 5 | 6 | 7 | 8 | 9 | 10 | 11 | 12 |

끈끈이귀개

끈끈이주걱과 | *Drosera peltata* var. *nipponica* | 여러해살이풀

끈끈이귀개

끈끈이귀개 잎에 붙잡힌 벌레

덩이줄기

땅속에 덩이줄기가 있다. 줄기잎은 잎자루가 길고 초승달 모양이다. 잎에 있는 끈끈한 선모로 벌레를 잡아 양분을 흡수하는 식충식물이다. 꽃잎은 대개 4~6개이며 수술은 5개이다. 암술은 3개이며 각각 4갈래로 갈라진다.

- 남부지방의 습지 주변
- 10~30cm
- 어긋나기, 표면에 선모가 남
- 5~6월, 흰색, 총상화서
- 3갈래로 갈라짐

| 1 | 2 | 3 | 4 | 5 | 6 | 7 | 8 | 9 | 10 | 11 | 12 |

현호색과 | *Dicentra spectabilis* | 여러해살이풀

금낭화

금낭화

4월 열매

흰금낭화

줄기는 흰빛이 돌고 연약하다. 휘어진 줄기 끝에 주머니 모양의 꽃이 줄줄이 달리며 독한 냄새가 난다. 비단주머니(錦囊)라는 뜻의 이름으로, '며느리주머니'라고도 한다. '흰금낭화(for. *albiflorum*)'는 중국 원산의 꽃이다.

- 깊은 산의 계곡
- 30~50cm
- 어긋나기, 2회 깃꼴겹잎
- 4~6월, 홍자색
- 긴 타원형

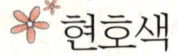# 현호색
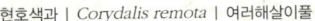 현호색과 | *Corydalis remota* | 여러해살이풀

현호색

덩이줄기

왜현호색

땅속에 덩이줄기가 있다. 원형, 코스모스형, 댓잎형 등 잎의 변이가 심하다. 꽃은 줄기 끝에 피며 색과 모양이 다양하다. 아랫입술꽃잎이 넓은 원형이며 포엽이 거의 갈라지지 않는 것은 '왜현호색(for. *ambigua*)'이라고 한다.

- 산기슭이나 숲 속
- 10~20cm
- 어긋나기, 1~2회 3출엽
- 3~4월, 총상화서
- 긴 타원형

남도현호색

조선현호색

수염현호색

갈퀴현호색

'남도현호색(*C. namdoensis*)'은 안쪽꽃잎의 끝이 V자 모양으로 파이고 종자가 거의 2열로 배열된다. '조선현호색(*C. turtschaninovii*)'은 잎 표면에 흔히 부챗살 모양의 흰 줄이 생기고 아랫입술꽃잎의 가장자리가 결각상 또는 파상을 이루어 구불거리는 것처럼 보인다. '수염현호색(*C. caudata*)'은 꿀주머니가 위를 향해 굽고 꽃받침이 작은 수염 모양으로 생겼다. 꽃받침이 큰 갈퀴 모양으로 꽃을 감싸는 것은 '갈퀴현호색(*C. grandicalyx*)'이라고 한다.

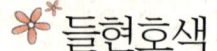
들현호색

현호색과 | *Corydalis ternata* | 여러해살이풀

들현호색

잎

덩이줄기

옆으로 벋는 땅속줄기에 작은 덩이줄기가 여러 개가 달려 번식하는 것이 특징이다. 잎은 3출엽이다. 작은잎은 난상 타원형이며 가장자리에 결각 모양의 톱니가 있다. 꽃은 거의 홍자색으로만 핀다. 개화기가 조금 늦다.

- 산기슭이나 논밭 근처 들녘
- 10~15cm
- 어긋나기, 3출엽
- 4~5월, 총상화서, 홍자색
- 긴 타원형

| 1 | 2 | 3 | 4 | 5 | 6 | 7 | 8 | 9 | 10 | 11 | 12 |

점현호색

쇠뿔현호색

좀현호색

섬현호색

 '점현호색(*C. maculata*)'은 꽃의 가운데가 불룩한 형태이며 잎이 크고 대개 흰색 반점이 나타난다. '쇠뿔현호색(*C. cornupetala*)'은 꽃에 2줄의 자줏빛 무늬가 있으며 아랫입술꽃잎의 끝이 쇠뿔 모양이고 작은잎이 댓잎처럼 기다랗다. '좀현호색(*C. decumbens*)'은 제주도에서 자라고 묵은 덩이줄기 위에 새 덩이줄기가 생기며 적은 수의 홍자색 꽃이 핀다. 울릉도에서 자라는 '섬현호색(*C. filistipes*)'은 꽃이 진 후에 꽃대축이 자라 땅에 닿는다.

산괴불주머니

현호색과 | *Corydalis speciosa* | 두해살이풀

산괴불주머니

4월 열매

자주괴불주머니

줄기는 흰빛이 돌고 곧게 서서 자란다. 작은잎은 깃꼴로 깊게 갈라진다. 꽃은 입술 모양이고 기다란 꿀주머니가 달린다. '자주괴불주머니(*C. incisa*)'는 주로 남부지방의 습기 있는 곳에서 자라며 홍자색 꽃이 핀다.

- 산과 들의 습기 있는 곳
- 30~50cm
- 어긋나기, 2회 깃꼴겹잎
- 4~6월, 총상화서, 노란색
- 길고 규칙적인 형태

염주괴불주머니

염주괴불주머니의 4월 열매

갯괴불주머니

갯괴불주머니의 6월 열매

'염주괴불주머니(*C. heterocarpa*)'는 바닷가 주변의 땅에서 자라고 잎이나 줄기를 자르면 암모니아 냄새가 많이 나며 산괴불주머니와 달리 열매의 모양이 불규칙적으로 울룩불룩하다. 대개 무리지어 자라며 전체적으로 분백색이 돌고 씨가 1열로 배열되는 점이 특징이다. 염주괴불주머니와 닮았으나 열매의 폭이 넓어 염주 모양이 아니라 타원형에 가까우며 씨가 2열로 배열되는 것은 '갯괴불주머니(*C. platycarpa*)'라고 한다.

노란장대

십자화과 | *Sisymbrium luteum* | 여러해살이풀

노란장대

꽃

6월 열매

줄기는 곧게 선다. 줄기 위쪽의 잎은 난형 또는 피침형이고 양면에 털이 있으며 잎 가장자리에 고르지 않은 톱니가 있다. 잎자루는 짧다. 줄기 끝에 노란색의 꽃이 핀다. 꽃잎은 주걱 모양이고 암술머리는 2개로 갈라진다.

- 산과 들의 양지
- 70~120cm
- 어긋나기, 아래쪽 잎은 갈라짐
- 5~6월, 노란색
- 긴 선형

십자화과 | *Draba nemorosa* for. *nemorosa* | 두해살이풀

꽃다지

꽃다지

꽃

4월 열매

주걱 모양의 뿌리잎이 방석처럼 퍼져 자란다. 줄기잎은 타원 모양이고 잎과 줄기에 짧은 털이 빽빽이 난다. 꽃줄기가 점점 길어지면서 꽃이 밑에서부터 올라가면서 계속 피어나 나중에는 길쭉한 열매차례를 형성한다.

- 들이나 빈터의 양지
- 10~25cm
- 어긋나기, 방석 모양, 타원형
- 4~5월, 총상화서, 노란색
- 주걱 모양의 타원형

079

냉이

십자화과 | *Capsella bursapastoris* | 두해살이풀

냉이

4월 열매

나도냉이

뿌리잎은 방석 모양으로 바닥에 퍼져 자라고 깃꼴로 깊게 갈라진다. 줄기잎은 피침형이고 밑부분이 줄기를 감싼다. '나도냉이(*Barbarea orthoceras*)'는 산과 들의 냇가나 습지에서 자라며 노란색 꽃이 피며 전체적으로 크다.

- 들이나 밭
- 10~50cm
- 어긋나기, 피침형
- 4~5월, 흰색, 총상화서
- 삼각형이고 납작함

| 1 | 2 | 3 | 4 | 5 | 6 | 7 | 8 | 9 | 10 | 11 | 12 |

말냉이

말냉이의 4월 열매

뽈냉이

뽈냉이의 4월 열매

 '말냉이(*Thlaspi arvense*)'는 유럽 원산의 두해살이풀로, 키가 비교적 크다. 봄에 주걱 모양의 커다란 잎이 옆으로 펴져 자라며 둥글넓적한 부채처럼 생긴 열매가 달리며 윗부분이 오목하게 팬다. 열매가 큰 냉이라는 뜻의 이름이다.
 '이자초'라고도 하는 '뽈냉이(*Chorispora tenella*)'는 지중해 동부와 중앙아시아 원산의 한해살이풀로, 잎이 장타원형이고 가장자리에 톱니가 있으며 연한 자주색 꽃이 피고 뿔처럼 기다란 열매를 맺는다.

좁쌀냉이 황새냉이

물냉이 겨자냉이

'좁쌀냉이(Cardamine fallax)'는 들에서 자라며, 가지가 짧고 털이 많은 편이다. 작은잎에는 톱니가 거의 없다. '황새냉이(Cardamine flexuosa)'는 냇가나 논밭 근처에서 자라며, 가지가 길고 구불구불하며 털이 적다. 유럽 원산의 '물냉이(Nasturtium officinale)'는 개울가에서 자라는 여러해살이풀로, 줄기에서 뿌리를 내린다. 울릉도에서 자라고 재배하기도 하는 '고추냉이'는 일본 것과 같아 '겨자냉이(Wasabia japonica)'라는 새 국명이 붙었다.

십자화과 | *Lepidium virginicum* | 한두해살이풀

콩다닥냉이

콩다닥냉이

꽃

다닥냉이

줄기는 곧게 서고 위쪽에서 가지가 많이 갈라진다. 잎 가장자리에 톱니가 있고 위쪽 줄기로 올라가면서 없어진다. 꽃잎이 없거나 꽃받침보다 짧으며 수술의 수가 더 많은 것은 '다닥냉이(*L. apetalum*)'라고 한다.

- 들
- 30~50cm
- 어긋나기, 피침형
- 5~7월, 흰색, 총상화서
- 원형이고 납작함

083

는쟁이냉이

십자화과 | *Cardamine komarovii* | 여러해살이풀

잎

는쟁이냉이

미나리냉이

줄기는 곧게 자라고 위쪽에서 가지를 친다. 뿌리잎은 방패 모양이고 줄기잎은 가장자리에 날카로운 톱니가 있다. 명아주(는쟁이)의 잎을 닮아서 붙은 이름이다. '미나리냉이(*C. leucantha*)'는 깃꼴겹잎이고 작은잎이 3~7개이다.

- 산지의 응달이나 물가 근처
- 30~50cm
- 어긋나기, 둥근 난형
- 4~5월, 흰색, 총상화서
- 긴 선형

십자화과 | *Arabis glabra* | 두해살이풀 ## 장대나물

장대나물

꽃

털장대

줄기는 장대처럼 곧게 자란다. 잎은 가장자리가 밋밋하고 밑부분이 줄기를 감싼다. 잎과 줄기에 털이 많고, 줄기잎이 달걀 모양이며 가장자리에 톱니가 약간 있는 것은 '털장대(*A. hirsuta*)'이라고 한다.

- 들과 산의 양지바른 곳
- 40~70cm
- 어긋나기, 타원형
- 4~6월, 황백색, 총상화서
- 바늘 모양, 2갈래로 갈라짐

개갓냉이

십자화과 | *Rorippa indica* | 여러해살이풀

개갓냉이

꽃

속속이풀

뿌리잎은 잎자루가 있으며 깃꼴로 갈라지기도 하고 갈라지지 않기도 한다. 줄기잎은 잎자루가 없고 갈라지지 않는다. 줄기잎이 대개 깃꼴로 갈라지고 열매의 길이가 6mm로 짧은 것은 '속속이풀(*R. palustris*)'이라고 한다.

- 밭과 들
- 20~50㎝
- 어긋나기, 피침형
- 5~6월, 노란색
- 긴 선형

십자화과 | *Raphanus sativus* for. *raphanistroides* | 한두해살이풀 갯무

갯무

흰색 꽃

4월 열매

뿌리는 가늘다. 뿌리잎은 모여나고 새깃 모양으로 깊게 갈라지며 양면에 뻣뻣한 털이 있다. 꽃은 줄기 끝에 홍자색 계열의 꽃이 모여 피며 간혹 흰색으로도 핀다. 꽃잎은 4장이고 주걱 모양이다. 열매는 익어도 터지지 않는다.

- 남부지방의 바닷가
- 30~60cm
- 어긋나기, 선형, 피침형
- 4~6월, 담홍자색, 총상화서
- 원통형의 염주 모양

돌나물

돌나물과 | *Sedum sarmentosum* | 여러해살이풀

돌나물

꽃

말똥비름

처음에는 곧게 자라지만 점점 땅 위로 기듯이 자란다. 줄기가 많이 갈라지고 각 마디에서 뿌리가 나오며 전체가 통통한 다육질이다. '말똥비름(*S. bulbiferum*)'은 잎이 주걱 모양이고 위에서 어긋나며 잎겨드랑이에 살눈이 달린다.

- 바위틈의 습한 곳
- 10~15cm
- 3개씩 돌려나기, 긴 타원형
- 5~6월, 노란색, 취산화서
- 비스듬히 벌어짐

범의귀과 | *Mukdenia rossii* | 여러해살이풀

돌단풍

돌단풍

꽃

분홍색이 섞인 꽃

굵은 뿌리줄기가 바위틈에 있다. 뿌리잎은 2~5장씩 모여나고 5~9갈래로 깊게 갈라지며 가장자리에 톱니가 있다. 꽃줄기 끝에 꽃이 핀다. 간혹 분홍색이 섞인 꽃이 피는 것도 있다. '돌나리' 또는 '바위나리' 라고도 한다.

- 계곡이나 개울가 바위틈
- 20~30cm
- 모여나기, 손바닥 모양
- 4~5월, 흰색, 취산화서
- 난형

선괭이눈

범의귀과 | *Chrysosplenium pseudofauriei* | 여러해살이풀

선괭이눈

꽃과 포엽

가지괭이눈

줄기에 털이 거의 없고 포엽이 넓다. 꽃잎은 없고 꽃잎처럼 보이는 꽃받침잎 4개가 수직으로 곧게 서며 포엽과 함께 노란색을 띤다. 수술은 8개이다. '가지괭이눈(*C. ramosum*)'은 꽃이 녹색이고 꽃받침잎이 수평으로 퍼진다.

- 산지의 물가 근처
- 10~20cm
- 마주나기, 원형, 난형
- 3~5월, 노란색, 취산화서
- 뿔 모양, 2개로 갈라짐

금괭이눈 / 금괭이눈의 꽃과 포엽

누른괭이눈의 꽃

누른괭이눈의 뿌리잎

'금괭이눈(*C. pilosum* var. *sphaerospermum*)'은 줄기에 털이 약간 있고 잎은 대개 마주나지만 어긋나기도 하며 꽃받침잎 4개가 수직으로 곧게 서고 포엽과 함께 노란색을 띤다. 뿌리잎이 크고 포엽이 장타원형이며 줄기가 녹색인 선괭이눈에 비해 금괭이눈은 뿌리잎과 포엽이 작으며 줄기가 대개 자줏빛을 띤다. 금괭이눈과 비슷하지만 전체적으로 소형이고 꽃도 매우 작으며 뿌리잎에 흰색 줄무늬가 나타나는 것은 '누른괭이눈(*C. flaviflorum*)'이라고 한다.

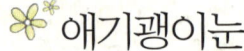
애기괭이눈
범의귀과 | *Chrysosplenium flagelliferum* | 여러해살이풀

애기괭이눈

꽃과 포엽

5월 열매

줄기에 털이 거의 없으나 아래쪽에 갈색 털이 약간 있기도 하다. 꽃받침잎이 4개이고 약간 노란색으로 되며 수직으로 서지 않고 수평으로 퍼진다. 포엽은 녹색으로 작게 달린다. 수술은 8개이다. 꽃이 진 후 무성지가 발달한다.

- 산지의 물가 근처
- 5~15cm
- 어긋나기, 원형, 난형
- 3~5월, 노란색, 취산화서
- 술잔 모양으로 벌어짐

산괭이눈 | 산괭이눈의 꽃과 포엽

흰털괭이눈 | 흰털괭이눈의 꽃과 포엽

 '산괭이눈(*C. japonicum*)'은 여러 개의 꽃이 빽빽하게 모여 핀다. 4개의 꽃받침잎이 수평으로 퍼지고 포엽은 녹색이지만 꽃받침과 함께 살짝 노란색이 되기도 한다. 수술은 8개이다. 무성지가 발달하지 않는 대신 아래쪽에 작은 살눈이 생긴다. '흰괭이눈'이라고도 하는 '흰털괭이눈(*C. pilosum* var. *fulvum*)'은 줄기에 털이 많고, 4개의 꽃받침잎이 수직으로 곧게 서며 진한 노란색이다. 포엽은 꽃이 필 때에도 녹색 그대로이다. 수술은 8개이다.

양지꽃

장미과 | *Potentilla fragarioides var. major* | 여러해살이풀

양지꽃

잎

세잎양지꽃

식물체에 털이 많다. 뿌리잎은 방석 모양으로 퍼져 자라고 줄기는 비스듬히 누워 자란다. 작은잎은 타원형이고 톱니가 있다. 뱀딸기와 달리 여러 개의 꽃이 핀다. 작은잎이 3출엽인 것은 '세잎양지꽃(*P. freyniana*)'이라고 한다.

- 산과 들의 양지바른 곳
- 30~50cm
- 마주나기, 5~15개의 깃꼴겹잎
- 4~6월, 노란색
- 난형

나도양지꽃   민눈양지꽃

솜양지꽃   솜양지꽃의 잎 뒷면

 '나도양지꽃(*Waldsteinia ternata*)'은 중부 이북의 깊은 숲 속에서 자라며 뿌리잎이 3출엽이고 작은잎이 한두 번 더 갈라지거나 불규칙한 톱니 모양을 보인다. '민눈양지꽃(*P. yokusania*)'은 깊은 산의 풀밭이나 그늘진 곳에서 자라며 3출엽인 뿌리잎의 작은잎이 마름모 모양이고 가장자리에 톱니가 있다. 꽃잎 안쪽에 주황색 무늬가 있다. '솜양지꽃(*P. discolor*)'은 작은잎이 3~7개이고 타원형이며 비교적 두껍고 뒷면에 흰 솜털이 많다.

뱀딸기

장미과 | *Duchesnea indica* | 여러해살이풀

뱀딸기

6월 열매

가락지나물

줄기가 옆으로 벋으며 마디에서 뿌리를 내린다. 작은잎은 난형이고 가장자리에 톱니가 있다. 꽃자루 끝에 1개씩의 꽃이 달리는 점이 특징이다. '가락지나물(*P. anemonefolia*)'은 3~5장의 잎이 손바닥 모양으로 달린다.

- 습기가 있는 풀숲
- 10~15cm
- 어긋나기, 3출엽
- 4~6월, 노란색
- 원형, 딸기 모양

장미과 | *Potentilla supina* | 한해살이풀

개소시랑개비

개소시랑개비

6월 열매

좀개소시랑개비

유럽 원산으로, 비스듬히 자란다. 작은잎은 가장자리에 톱니가 있다. 꽃잎은 끝이 오목하게 팬다. 양지꽃(소시랑개비)과 비슷하다는 뜻의 이름이다. 식물체가 작고 꽃잎이 매우 작은 것은 '좀개소시랑개비(*P. amurensis*)'라고 한다.

- 산기슭의 양지바른 풀밭
- 20~50cm
- 어긋나기, 3~9개의 깃꼴겹잎
- 5~9월, 노란색
- 원형

갯완두

콩과 | *Lathyrus japonicus* | 여러해살이풀

갯완두

6월 열매

털갯완두

땅속의 뿌리줄기가 가지를 치며 벋고 줄기는 비스듬히 누워 자란다. 잎자루 끝이 덩굴손이 된다. 턱잎은 크다. 꽃은 나비 모양으로 핀다. 꽃받침과 꽃자루가 털로 덮인 것은 '털갯완두(var. *aleuticus*)'라고 한다.

- 바닷가 모래땅
- 20~60cm
- 어긋나기, 3~6쌍의 깃꼴겹잎
- 4~6월, 보라색, 총상화서
- 꼬투리

콩과 | *Vicia angustifolia* var. *segetilis* | 두해살이풀

살갈퀴

살갈퀴

잎

6월 열매

줄기는 4각이 지고 덩굴손이 3개 또는 그 이상으로 갈라진다. 작은잎은 난형이고 끝이 약간 오목하게 팬다. 턱잎은 2개로 갈라지고 가장자리에 톱니가 있다. 잎겨드랑이에서 나온 꽃대에 나비 모양의 꽃이 1~2개씩 핀다.

- 산과 들
- 50~60cm
- 어긋나기, 3~7쌍의 깃꼴겹잎
- 4~5월, 홍자색
- 꼬투리

새완두 　콩과 | *Vicia hirsuta* | 두해살이풀

새완두

꽃

얼치기완두

덩굴져 자라며 갈라진 덩굴손이 있다. 작은잎은 타원형이고 가장자리가 밋밋하다. 턱잎은 4개로 갈라진다. 꽃은 3~7개로 많이 달린다. 꽃이 1~3개로 적게 달리고 열매에 털이 없는 것은 '얼치기완두(*V. tetrasperma*)'라고 한다.

- 산과 들의 풀밭
- 30~60cm
- 어긋나기, 6~8쌍의 깃꼴겹잎
- 5~6월, 흰색, 총상화서
- 꼬투리, 털이 있음

콩과 | *Lotus corniculatus* var. *japonica* | 여러해살이풀

벌노랑이

벌노랑이

주황색 꽃

6월 열매

줄기가 밑에서 많이 갈라지면서 비스듬히 자란다. 작은잎 3개와 턱잎 2개가 있어 잎이 5개인 것처럼 보인다. 잎겨드랑이에서 나온 꽃대에 1~4개의 나비 모양의 꽃이 모여 핀다. 간혹 주황색으로 피는 꽃도 있다.

- 산과 들의 양지바른 곳
- 20~30cm
- 어긋나기, 작은잎 3, 턱잎 2
- 4~5월, 노란색, 산형화서
- 꼬투리, 선형

자운영

콩과 | *Astragalus sinicus* | 두해살이풀

자운영

자운영의 꽃

자운영의 뿌리혹

중국 원산으로, 풋거름으로 쓰려고 심던 것이 야화한 것이다. 줄기는 비스듬히 자라고 작은잎은 타원형이다. 잎겨드랑이에서 나온 꽃대 끝에 나비 모양의 꽃이 둥글게 핀다. 군락의 모습이 보라색 구름 같다 하여 붙은 이름이다.

- 밭과 들의 양지바른 곳
- 10~25cm
- 어긋나기, 9~11개의 깃꼴겹잎
- 4~5월, 보라색, 산형화서
- 꼬투리, 선형

콩과 | *Trifolium repens* | 여러해살이풀

토끼풀

토끼풀

8월 열매

붉은토끼풀

유럽 원산으로, 목초용으로 들여 온 것이 야화한 것이다. 작은잎은 난형이고 가장자리에 톱니가 있는 점이 괭이밥과 다르다. '클로버'라고도 한다. 꽃이 크고 분홍색으로 피는 것은 '붉은토끼풀(*T. pratense*)'이라고 한다.

- 산과 들의 풀밭
- 10~15cm
- 어긋나기, 3출엽
- 5~8월, 흰색, 두상화서
- 작은 꼬투리

괭이밥

괭이밥과 | *Oxalis corniculata* | 여러해살이풀

괭이밥

8월 열매

선괭이밥

줄기는 비스듬히 자란다. 작은잎은 토끼풀과 달리 심장형이고 가장자리에 톱니가 없다. '붉은괭이밥'도 같은 것으로 본다. 잎에서 신맛이 난다. 잎자루가 길고 줄기가 곧게 서서 자라는 것은 '선괭이밥(*O. stricta*)'이라고 한다.

- 길가나 빈터
- 10~20cm
- 어긋나기, 3출엽
- 5~9월, 노란색, 산형화서
- 6각 기둥 모양

애기괭이밥

애기괭이밥의 뿌리줄기

큰괭이밥

자주괭이밥

'애기괭이밥(*O. acetosella*)'은 깊은 산 계곡에서 자라며 땅속에 옆으로 벋는 뿌리줄기가 있다. 흰색 꽃이 피며 꽃잎 안쪽에 노란색 무늬가 있다. '큰괭이밥 (*O. obtriangulata*)'은 깊은 산에서 자라며 대개는 잎보다 먼저 꽃을 피운다. 잎이 커다란 삼각형이고 꽃잎 안쪽에 붉은색의 줄무늬가 있는 점이 특징이다. '자주괭이밥(*O. corymbosa*)'은 남미 원산으로, 제주도에 야화하였다. 다수의 비늘줄기를 만들어 번식하며 꽃이 5~7개 정도가 달린다.

대극

대극과 | *Euphorbia pekinensis* | 여러해살이풀

대극

꽃과 꿀샘덩이

11월 열매

줄기는 곧게 서고 잎은 긴 타원형이다. 자르면 흰 액이 나온다. 줄기 끝의 잎은 5장이 돌려난다. 포엽은 마름모 또는 삼각의 난형이고 꿀샘덩이는 신장형이다. 암술대는 3개이고 끝이 2개로 갈라진다. '버들옻'이라고도 불린다.

- 산기슭의 풀밭
- 30~80cm
- 어긋나기, 피침형
- 5~6월, 백록색, 배상화서
- 구형, 표면에 돌기가 있음

씨방에 털이 있는 대극

두메대극

암대극

암대극의 꽃과 꿀샘덩이

줄기와 잎 뒷면에 털이 보다 많고 씨방에도 털이 있거나 꿀샘덩이가 노란색을 띠는 등의 변이종도 발견된다. 부산 해안가와 한라산에서 자라는 '두메대극 (E. fauriei)'은 소형이며 바닥에 붙어 자란다. 잎이 난형 또는 긴 타원형이며 열매 표면에 돌기가 있고 꿀샘덩이가 신장형인 것은 대극과 같다. 남부지방의 바닷가 암석지대에서 자라는 '암대극(E. jolkini)'은 대형이고 꽃이 필 때 포엽이 노란색으로 변하며 열매 표면에 돌기가 있다.

붉은대극

대극과 | *Euphorbia ebracteolata* | 여러해살이풀

붉은대극

꽃과 꿀샘덩이

4월 열매

땅속에 고구마 같은 뿌리줄기가 있다. 몸체는 붉기도 하고 초록색이기도 하다. 줄기와 잎 뒷면에 털이 있기도 하고 없기도 하다. 꿀샘덩이는 신장형이다. 열매가 대극보다 크며 돌기가 없고 매끈해서 '민대극'이라고도 한다.

- 산기슭의 풀밭
- 30~60cm
- 어긋나기, 피침형
- 3~4월, 백록색, 배상화서
- 구형, 표면에 돌기가 없음

풍도대극

씨방에 털이 있는 풍도대극

등대풀

등대풀의 꽃과 꿀샘덩이

붉은대극과 유사한 '풍도대극(var. *coreana*)'은 풍도를 비롯하여 서해 도서 지방의 격리된 지역에서 자라며 씨방에 털이 있기도 하고 없기도 하는 등 변이가 심해서 외부형태적으로 붉은대극과의 확실한 차이점을 찾기는 어려우나 유전적으로는 매우 이질적인 대립인자를 가진 종이다. '등대풀(*E. helioscopia*)'은 키가 25~35cm로 작은 편이고 두해살이풀이며 잎이 주걱 모양이고 끝이 살짝 파이는 점이 특징이다.

흰대극

대극과 | *Euphorbia esula* | 여러해살이풀

흰대극

꽃과 꿀샘덩이

5월 열매

전체에 털이 없다. 꽃이 없는 줄기나 가지의 잎은 길고 촘촘하게 모여난다. 총포엽은 쟁반처럼 둥글다. 꿀샘덩이는 양끝이 둔하게 솟은 뿔 모양이다. 열매는 매끄러운 편이나 갈라지는 세로 부분을 따라 우툴두툴한 돌기가 있다.

- 바닷가 근처나 강원도의 풀밭
- 20~40cm
- 어긋나기, 피침형
- 4~6월, 백록색, 배상화서
- 구형, 표면이 약간 우툴두툴함

흰대극의 길게 자란 잎

꿀샘덩이의 색이 다른 흰대극

개감수

개감수의 꽃과 꿀샘덩이

흰대극의 길게 자라난 잎은 가을이 되면 붉게 물들기도 하면서 전혀 다른 식물처럼 보인다. 흰대극의 꿀샘덩이는 대개 노란색을 띠지만 제주도 해안가에 자라는 것 중에는 노란색과 주황색의 꿀샘덩이가 섞여 있는 것을 볼 수 있다. '개감수(E. sieboldiana)'는 산의 숲 속에서 자라며 붉은대극과 비슷하지만 전체적으로 소형이고, 꿀샘덩이의 양끝이 뿔처럼 뾰족한 초승달 모양인 점이 특징이다. 열매의 표면이 매끄러운 점은 같다.

백선

운향과 | *Dictamnus dasycarpus* | 여러해살이풀

백선

잎줄기의 날개

7월 열매

줄기는 곧게 자란다. 작은잎은 타원형이고 가장자리에 톱니가 있다. 붉나무처럼 잎줄기에 날개가 있다. 꽃잎은 5장이고 보라색 줄무늬가 있으며 암술과 수술이 꽃잎 밖으로 나온다. 기름샘이 있어 전초에서 특유의 냄새가 난다.

- 산기슭
- 60~90cm
- 어긋나기, 7~9개의 깃꼴겹잎
- 5~6월, 홍색, 총상화서
- 5개로 갈라진 별 모양

| 1 | 2 | 3 | 4 | 5 | 6 | 7 | 8 | 9 | 10 | 11 | 12 |

원지과 | *Polygala japonica* | 여러해살이풀

애기풀

애기풀

9월 열매

원지

전체에 잔털이 퍼져 있다. 잎자루는 짧은 편이다. 나비 모양의 꽃이 피며 꽃받침잎은 5개, 꽃잎은 3개이다. 지역에 따라 꽃이나 잎의 색이 다르기도 하다. '원지(*P. tenuifolia*)'는 중부 이북에서 자라고 잎이 매우 가늘다.

- 산기슭의 풀밭
- 10~20cm
- 어긋나기, 긴 타원형
- 4~5월, 보라색, 총상화서
- 원형, 넓은 날개가 있음

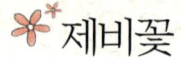 제비꽃

제비꽃과 | *Viola mandshurica* | 여러해살이풀

제비꽃

6월 열매

흰제비꽃

뿌리에서 잎이 돋아 비스듬히 퍼진다. 잎자루 위쪽에 날개가 있는 점이 특징이다. 꽃줄기 끝에 1개씩의 꽃이 핀다. '오랑캐꽃'이라고도 한다. 흰색 꽃이 피는 '흰제비꽃(*V. patrinii*)'은 제비꽃처럼 잎자루에 날개가 있다.

- 산과 들의 양지바른 풀밭
- 5~20cm
- 세모진 난형
- 4~5월, 자주색
- 넓은 타원형, 3갈래로 갈라짐

| 1 | 2 | 3 | 4 | 5 | 6 | 7 | 8 | 9 | 10 | 11 | 12 |

흰젖제비꽃

콩제비꽃

둥근털제비꽃

잔털제비꽃

'흰젖제비꽃(*V. lactiflora*)'은 흰제비꽃과 비슷하지만 잎이 기다란 삼각 모양이고 잎자루에 날개가 거의 없으며 낮은 지대에서 자란다. '콩제비꽃(*V. verecunda*)'은 습기가 있는 곳에서 자라며 크기가 가장 작은 흰색 꽃이 핀다. 뿌리잎이 둥근 신장형이다. '둥근털제비꽃(*V. collina*)'은 잎이 둥글고 꽃줄기와 잎에 털이 있으며 이른봄에 제일 먼저 연한 보라색 꽃을 피운다. '잔털제비꽃(*V. keiskei*)'은 전체적으로 털이 있고 잎이 난상 원형이며 끝이 둥글다.

남산제비꽃

태백제비꽃

민둥뫼제비꽃   줄민둥뫼제비꽃

'남산제비꽃(V. albida var. chaerophylloides)'은 향기가 나는 흰색의 꽃이 피고 잎이 선 모양으로 2회 깊게 갈라진다. 잎의 변이가 다양하다. '태백제비꽃(V. albida)'은 잎이 삼각상의 난형이고 밑부분이 심장 모양이다. 가장자리에 구불거리는 톱니가 있다. '민둥뫼제비꽃(V. tokubuchiana var. takedana)'은 태백제비꽃과 비슷하지만 잎이 작은 삼각 모양인 점이 다르다. 줄무늬가 있는 것은 '줄민둥뫼제비꽃(for. variegata)'이라고 한다.

졸방제비꽃 왕제비꽃

금강제비꽃 애기금강제비꽃

 '졸방제비꽃(*V. acuminata*)'은 잎이 삼각상의 심장형이고 잎겨드랑이에서 꽃줄기가 올라와 흰색 또는 연보라색 꽃이 핀다. '왕제비꽃(*V. websteri*)'은 키가 40~90cm로 크고 잎이 삼각상의 피침형이며 잎 밑부분이 쐐기 모양으로 좁아지는 점이 특징이다. '금강제비꽃(*V. diamantica*)'은 심장형의 잎이 꽃이 필 때에는 양쪽에서 안으로 말려 있다. '애기금강제비꽃(*V. yazawana*)'은 심장형의 잎이 고깔제비꽃처럼 말리지만 흰색 꽃이 피는 점이 다르다.

고깔제비꽃

넓은잎제비꽃

낚시제비꽃

서울제비꽃

'고깔제비꽃($V.\ rossii$)'은 잎의 가장자리가 고깔처럼 안쪽으로 말리며 분홍색 또는 홍자색 꽃이 핀다. 산기슭의 그늘진 곳에서 자라는 '넓은잎제비꽃($V.\ mirabilis$)'은 잎이 넓은 심장형이며 꽃이 크고 연한 보라색으로 핀다. '낚시제비꽃($V.\ grypoceras$)'은 잎이 심장형이고 꽃줄기가 잎겨드랑이와 뿌리에서 나온다. '서울제비꽃($V.\ seoulensis$)'은 홍자색 꽃이 피며 잎이 타원 모양이고 폭이 넓은 점이 특징이다.

알록제비꽃

자주잎제비꽃

왜제비꽃

털제비꽃

 '알록제비꽃(*V. variegata*)'은 대개 심장형의 잎 앞면의 맥을 따라 흰색 줄무늬가 있고 뒷면은 자주색을 띤다. 꽃의 색과 잎의 무늬에 다양한 변이가 있다. '자주잎제비꽃(*V. violacea*)'은 잎이 세모진 난형이고 뒷면이 자주색이다. '왜제비꽃(*V. japonica*)'은 잎이 삼각상 난형이고 가장자리의 톱니가 둔하며 꽃줄기와 잎자루에 털이 없다. '털제비꽃(*V. phalacrocarpa*)'은 잎이 난형이고 전체에 털이 있으나 많지 않은 것도 있는 등 변이가 다양하다.

흰털제비꽃

호제비꽃

노랑제비꽃

장백제비꽃

'흰털제비꽃(*V. hirtipes*)'은 잎이 긴 난형이며 꽃줄기와 잎자루에 퍼진 털이 많다. '호제비꽃(*V. yedoensis*)'은 잎이 삼각상의 피침형이며 털이 있고 잎자루 위쪽에 날개가 거의 없다. '노랑제비꽃(*V. orientalis*)'은 잎이 심장형이고 끝이 뾰족하며 밝은 노란색 꽃이 핀다. '장백제비꽃(*V. biflora*)'은 노랑제비꽃과 비슷하나 잎이 신장형이고 끝이 둥근 점이 다르다. 백두산에서만 자라는 것으로 알려졌으나 최근에 설악산에서도 발견되었다.

산형과 | *Sanicula rubriflora* | 여러해살이풀

붉은참반디

붉은참반디

6월 열매

애기참반디

뿌리잎은 손바닥 모양이고 3~5갈래로 갈라진다. 줄기잎은 2개가 마주나며 3갈래로 갈라진다. 수꽃은 가장자리에 달리고 양성화는 중앙에 달린다. '애기참반디(*S. tuberculata*)'는 노란색 꽃이 피고 열매의 가시가 곧다.

- 산지의 숲 속
- 20~50cm
- 마주나기, 거꾸로 된 난형
- 5~6월, 흑자색, 겹산형화서
- 난상 구형, 굽은 가시가 밀생

나도수정초

노루발과 | *Monotropastrum humile* | 여러해살이 부생식물

나도수정초

수술

수정란풀

땅속줄기가 덩이 모양이다. 잎은 비늘 모양이고 끝이 둥근 편이다. 꽃받침은 2~4장, 꽃부리는 5갈래로 갈라진다. 수술대에 털이 있다. '수정란풀(*Monotropa uniflora*)'은 나도수정초와 닮았으나 열매가 위를 향하고 개화기가 가을이다.

- 산지의 나무 그늘
- 8~15cm
- 어긋나기, 긴 타원형
- 5~7월, 은백색
- 둥근 모양

노루발과 | *Monotropa hypopithys* | 여러해살이 부생식물

구상난풀

구상난풀

꽃

10월 열매

줄기에 잔털이 있고 전체가 담황색이다. 잎은 비늘 모양이고 끝이 둥근 편이다. 줄기 끝에 종 모양의 꽃이 1~6개가 밑을 향해 핀다. 꽃받침은 피침형, 꽃부리는 4갈래로 갈라진다. 수술은 8개이고 꽃밥은 붉은색을 띤다.

- 산지의 나무 그늘
- 10~20cm
- 어긋나기, 긴 타원형
- 5~7월, 황백색, 총상화서
- 둥근 모양, 털이 있음

좀가지풀
앵초과 | *Lysimachia japonica* | 여러해살이풀

좀가지풀

8월 열매

뿌리

줄기는 땅을 기거나 비스듬히 자란다. 잎과 줄기에 털이 있다. 잎은 끝이 둥글고 가장자리가 밋밋하다. 꽃부리는 5개로 깊게 갈라지고 꽃받침잎은 끝이 뾰족한 피침형이다. 작고 가지 같은 열매가 달려서 붙은 이름이다.

- 남부지방의 들과 산기슭
- 10~30cm
- 마주나기, 넓은 난형
- 5~6월, 노란색
- 둥글고 위쪽에서 갈라짐

앵초과 | *Lysimachia mauritiana* | 두해살이풀

갯까치수염

갯까치수염

뿌리잎

8월 열매

전체에 털이 없고 가죽질이다. 잎은 주걱 모양의 피침형이며 1년생 뿌리잎은 방석처럼 퍼져 자란다. 잎 가장자리는 밋밋하고 끝이 둥근 편이며 검은 선점이 있다. 꽃은 가지 끝에 달리며 꽃부리는 4~5개로 깊게 갈라진다.

- 바닷가 산기슭이나 암석지대
- 10~40cm
- 어긋나기, 주걱 모양
- 4~8월, 흰색, 총상화서
- 둥글고 위쪽에서 갈라짐

앵초

앵초과 | *Primula sieboldi* | 여러해살이풀

앵초

꽃

6월 열매

잎은 주름이 지며 어린잎일수록 흰 털로 덮여 있다가 점차 사라진다. 잎자루는 길다. 꽃은 잎 사이에서 올라온 꽃줄기 끝에 달린다. 꽃부리는 수평으로 펴지고 5개로 갈라지며 각 갈래조각은 끝이 오목하게 파인다.

- 산지의 습한 곳
- 15~40cm
- 뿌리에서 모여나기, 난형
- 4~5월, 홍자색, 산형화서
- 둥근 원추형

큰앵초

큰앵초의 꽃

설앵초

설앵초의 꽃

'큰앵초(P. jesoana)'는 깊은 산의 습한 곳에서 자라는 여러해살이풀로, 전체적으로 대형이다. 앵초와 달리 잎몸이 손바닥 모양의 둥근 신장형이고 7~9개로 갈라지며 가장자리에 날카로운 톱니가 있다. 꽃줄기 끝에 진한 홍자색 꽃이 옆을 향해 돌려가며 핀다. '설앵초(P. modesta var. fauriae)'는 고산지대의 바위틈에서 자라는 여러해살이풀로, 전체적으로 소형이다. 잎은 뿌리에서 모여나고 주걱 모양이며 가장자리에 둔한 톱니가 있고 뒤로 말리기도 한다.

봄맞이

앵초과 | *Androsace umbellata* | 한두해살이풀

봄맞이

꽃

5월 열매

전체에 퍼진 털이 있다. 뿌리에서 촘촘히 모여난 잎은 방석 모양을 이루며 잎몸은 반원형이고 가장자리에 삼각상의 톱니가 있는 점이 특징이다. 잎 사이에서 꽃줄기가 나온다. 꽃부리는 5개로 깊게 갈라지며 안쪽에 유인색소가 있다.

- 풀밭이나 양지바른 밭둑
- 10~20cm
- 뿌리에서 모여나기, 방석 모양
- 4~5월, 흰색, 산형화서
- 둥근 모양

애기봄맞이　　　　　　　　　애기봄맞이의 잎

애기봄맞이의 5월 열매

금강봄맞이

습한 곳이나 논두렁 주변에서 자라는 '애기봄맞이(*A. filiformis*)'는 한두해살이풀로, 봄맞이와 달리 뿌리잎이 긴 타원형이고 가장자리에 잔톱니가 있으며 뿌리잎 사이에서 나오는 꽃줄기 끝에 흰색 꽃이 산형화서로 핀다. 설악산 이북의 고산지대 그늘진 암벽에서 자라는 '금강봄맞이(*A. cortusaefolia*)'는 여러해살이풀로, 둥근 신장형의 잎이 7~11개로 갈라지며 6월에 7~17개의 흰색 꽃이 핀다.

큰구슬붕이

용담과 | *Gentiana zollingeri* | 여러해살이풀

큰구슬붕이

6월 열매

구슬붕이

뿌리잎이 방석 모양을 이루지 않는다. 잎은 밑부분이 합쳐져 줄기를 감싸며 꽃받침잎은 뒤로 젖혀지지 않는다. 열매는 벌어졌다 닫혔다 한다. '구슬붕이(*G. squarrosa*)'는 뿌리잎이 방석 모양이고 꽃받침조각이 뒤로 젖혀진다.

- 산지의 풀밭이나 숲 속
- 5~10cm
- 마주나기, 난형
- 4~5월, 청보라색 또는 자주색
- 2개로 갈라짐

용담과 | *Anagallidium dichotomum* | 여러해살이풀 # 대성쓴풀

대성쓴풀

꽃

5월 열매

줄기는 가늘고 대개 비스듬히 자란다. 잎밑은 잎자루 모양이 된다. 꽃은 잎겨드랑이와 줄기 끝에 달리고 꽃부리는 4갈래로 갈라진다. 각 갈래조각에는 연보라색 점과 둥근 꿀샘 2개가 있다. 수술대 주위에는 실 같은 털이 있다.

- 강원도 산기슭의 양지
- 5~10cm
- 마주나기, 난상 피침형
- 4~5월, 흰색
- 타원형

개정향풀

협죽도과 | *Trachomitum lancifolium* | 여러해살이풀

개정향풀

10월 열매

정향풀

줄기는 가늘고 털이 없으며 아래쪽이 목질화한다. 자르면 하얀 액이 나온다. 잎은 버들잎 같고 가장자리가 밋밋하다. 꽃부리는 5갈래로 갈라지고 꽃에서 향기가 난다. '정향풀(*Amsonia elliptica*)'은 잎이 어긋나고 꽃이 하늘색이다.

- 바닷가나 산지 주변의 들
- 40~100cm
- 마주나기, 피침형, 타원형
- 5~8월, 홍자색, 원추화서
- 2갈래의 긴 타원형

박주가리과 | *Cynanchum ascyrifolium* | 여러해살이풀

민백미꽃

민백미꽃

6월 열매

백미꽃

줄기는 곧게 자라고 가지가 갈라지지 않는다. 잎 가장자리에 털이 없다. 꽃은 줄기 끝과 잎겨드랑이에 핀다. 꽃부리는 5갈래로 갈라지며 꽃부리에 털이 없다. '백미꽃(*C. atratum*)'은 꽃이 암자색이고 꽃부리 바깥쪽에 털이 있다.

- 산지의 풀밭이나 양지
- 30~60cm
- 마주나기, 타원형
- 5~7월, 흰색, 산형화서
- 뿔 모양

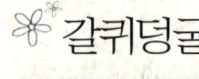
갈퀴덩굴

꼭두서니과 | *Galium spurium* var. *echinospermon* | 두해살이풀

갈퀴덩굴

꽃

5월 열매

줄기는 네모지고 밑을 향한 가시털이 있으며 덩굴지듯 벋어가며 자란다. 잎은 거꾸로 된 좁은 피침형이고 가장자리와 뒷면 맥 위에 잔가시가 있다. 꽃은 자잘하게 달리고 꽃부리는 4개로 갈라진다. 열매는 털로 덮여 있다.

- 길가나 빈터
- 60~90cm
- 6~8개씩 돌려나기, 피침형
- 4~6월, 녹백색, 취산화서
- 타원형 또는 난형, 털로 덮임

| 1 | 2 | 3 | 4 | 5 | 6 | 7 | 8 | 9 | 10 | 11 | 12 |

메꽃과 | *Calystegia soldanella* | 여러해살이풀

갯메꽃

갯메꽃

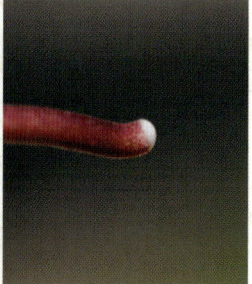

줄기에서 나오는 액

6월 열매

덩굴져 자란다. 땅속에 흰색의 굵은 뿌리줄기가 길게 벋어나간다. 잎은 광택이 있고 두껍다. 자르면 하얀 액이 나온다. 잎겨드랑이에서 나온 꽃대 끝에 나팔 모양의 오각으로 된 꽃이 핀다. 꽃부리에 흰색의 줄무늬가 있다.

- 바닷가 모래땅
- 10~15cm
- 어긋나기, 신장형
- 5~6월, 분홍색
- 둥근 모양, 꽃받침에 싸임

지치

지치과 | *Lithospermum erythrorhizon* | 여러해살이풀

지치

7월 열매

개지치

뿌리는 굵고 적자색이다. 줄기는 곧게 선다. 줄기와 잎에 털이 많다. 꽃받침과 꽃부리는 각각 5갈래로 깊게 갈라진다. 두해살이풀인 '개지치(*L. arvense*)'는 3~6월에 일찍 개화하고 잎이 좁으며 키가 작아 전체적으로 소형이다.

- 산지의 풀밭이나 숲 속
- 30~70cm
- 어긋나기, 피침형
- 5~6월, 흰색, 총상화서
- 난상 원형, 광택이 있음

산지치

당개지치

반디지치

모래지치

하늘색 꽃이 피는 '산지치(*Eritrichium sichotense*)'는 전체에 누운 털이 많고 선상 피침형 잎 양면에 뻣뻣한 털이 많다. 보라색 꽃이 피는 '당개지치(*Brachybotrys paridiformis*)'는 줄기 위쪽에 5~6개의 꽃이 촘촘하게 어긋나기 때문에 돌려난 것처럼 보인다. 청자색 꽃이 피는 '반디지치(*L. zollingeri*)'는 꽃이 진 뒤 줄기가 땅 위를 벋어간다. 흰색 꽃이 피는 '모래지치(*Argusia sibirica*)'는 바닷가 모래땅에서 자라며 잎이 주걱 모양이고 두껍다.

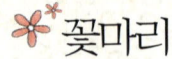
꽃마리

지치과 | *Trigonotis peduncularis* | 두해살이풀

꽃마리

5월 열매

참꽃마리

전체에 털이 많고 줄기가 많이 갈라진다. 뿌리잎은 난형이다. 말려 있던 꽃차례가 풀어지면서 꽃이 핀다. 씨의 끝이 뾰족하다. 여러해살이풀인 '참꽃마리(*T. radicans* var. *sericea*)'는 대형이고, 꽃의 지름도 6~10mm로 크다.

- 들이나 길가
- 10~30cm
- 어긋나기, 긴 타원형
- 4~6월, 연한 하늘색, 권산화서
- 꽃받침에 싸인 씨가 4개

지치과 | *Bothriospermum tenellum* | 한두해살이풀

꽃받이

꽃받이의 꽃

5월 열매

꽃받이

전체에 누운 털이 있다. 줄기는 밑부분이 땅에 닿으며 가지를 친다. 뿌리잎은 주걱 모양이고 줄기잎은 긴 타원형이며 끝이 약간 둥근 편이다. 꽃은 잎겨드랑이에 달리고 포엽은 잎 모양이다. 씨는 타원형이고 잔돌기가 많다.

- 들이나 풀밭
- 5~30cm
- 어긋나기, 주걱 모양
- 4~9월, 연한 하늘색, 총상화서
- 둥근 씨 4개가 꽃받침에 싸임

| 1 | 2 | 3 | 4 | 5 | 6 | 7 | 8 | 9 | 10 | 11 | 12 |

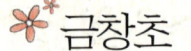
금창초

꿀풀과 | *Ajuga decumbens* | 여러해살이풀

금창초

내장금란초

연한 색 금창초

전체에 흰 털이 있고 땅바닥을 기듯이 자란다. 뿌리잎은 방석처럼 퍼져 자라고 가장자리에 물결 모양의 톱니가 있다. '금란초'라고도 한다. 분홍색 꽃이 피는 것을 '내장금란초(var. *rosa*)'라고 하나, 그 외에도 다양한 색이 나타난다.

- 남부지방의 산기슭이나 풀밭
- 3~10cm
- 마주나기, 긴 타원형
- 4~6월, 청보라색
- 난상 구형

| 1 | 2 | 3 | 4 | 5 | 6 | 7 | 8 | 9 | 10 | 11 | 12 |

꿀풀과 | *Ajuga multiflora* | 여러해살이풀

조개나물

조개나물

꽃

붉은색 조개나물

전체에 흰 털이 빽빽하게 나고 줄기는 곧게 선다. 잎에 나는 흰 털은 점차 없어진다. 꽃은 입술 모양이고 꽃자루가 없으며 잎겨드랑이에 층층으로 돌려 핀다. 수술은 2개이고 꽃받침은 5갈래이다. 붉은색 또는 흰색으로도 핀다.

- 양지바른 풀밭
- 10~30cm
- 마주나기, 타원형, 난형
- 5~6월, 청자색
- 원형

벌깨덩굴

꿀풀과 | *Meehania urticifolia* | 여러해살이풀

벌깨덩굴

6월 열매

벌깨풀

줄기는 네모지고 곧게 자라다가 꽃이 지면 덩굴처럼 벋는다. 잎 가장자리에 둔한 톱니가 있다. 아랫입술꽃잎에 보라색 무늬와 함께 긴 털이 있다. '벌깨풀(*Dracocephalum rupestre*)'은 잎의 끝이 둥글고 암벽지대에서 자란다.

- 산기슭이나 숲 속
- 15~30cm
- 마주나기, 세모진 심장형
- 5~6월, 연한 청보라색
- 거꾸로 된 난형

| 1 | 2 | 3 | 4 | 5 | 6 | 7 | 8 | 9 | 10 | 11 | 12 |

꿀풀과 | *Prunella vulgaris var. lilacina* | 여러해살이풀

꿀풀

꿀풀

흰꿀풀

꿀풀의 붉은색 꽃

줄기는 곧게 서고 털이 있다. 잎은 끝이 뾰족하고 가장자리가 밋밋하거나 톱니가 약간 있다. 꽃은 원기둥 모양으로 모여 달린다. 꽃의 색은 몇 가지가 있는데 그 중 흰색 꽃을 '흰꿀풀(for. *albiflora*)'이라고 하여 구별하기도 한다.

- 산과 들의 풀밭
- 20~40cm
- 마주나기, 긴 난형
- 5~7월, 보라색
- 씨가 꽃받침에 싸임

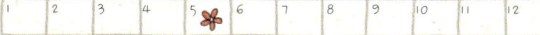

광대수염

꿀풀과 | *Lamium album* var. *barbatum* | 여러해살이풀

광대수염

6월 열매

섬광대수염

줄기는 네모지고 곧게 선다. 잎은 끝이 뾰족하고 밑부분이 심장 모양이다. 꽃은 잎겨드랑이에 층층으로 돌려 핀다. 울릉도에 자라는 '섬광대수염(*L. takesimense*)'은 키가 1m 내외로 크고 잎 밑부분이 대개 쐐기 모양을 이룬다.

- 산 속의 숲 근처
- 30~50cm
- 마주나기, 난형
- 5~6월, 흰색
- 길고 뾰족한 꽃받침에 싸임

꿀풀과 | *Lamium amplexicaule* | 한두해살이풀 # 광대나물

광대나물

흰광대나물

자주광대수염

줄기는 가느다랗다. 위쪽 잎은 줄기를 감싼다. 아랫입술꽃잎에 점무늬가 있는 것과 없는 것의 종 구분이 확실하다. 꽃이 흰색인 것은 '흰광대나물(for. *albiflorum*)'이고, '자주광대나물(*L. purpureum*)'은 유럽 원산의 귀화식물이다.

- 길가나 풀밭
- 20~30cm
- 마주나기, 반원형
- 3~5월, 홍자색
- 난형

배암차즈기 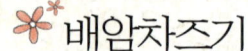 꿀풀과 | *Salvia plebeia* | 두해살이풀

배암차즈기

꽃

잎

줄기는 곧게 자란다. 뿌리잎은 방석 모양으로 퍼져 자라다가 꽃이 필 때면 없어진다. 잎은 주름이 많고 잔털이 있다. 꽃차례가 점점 길어지면서 계속해서 꽃이 핀다. 꽃이 뱀 모양이고 차즈기의 잎을 닮았다 하여 붙은 이름이다.

- 습기가 많은 도랑 근처
- 30~70cm
- 마주나기, 긴 타원형
- 5~7월, 연보라색, 총상화서
- 넓은 타원형

꿀풀과 | *Scutellaria indica* var. *tsusimensis* | 여러해살이풀

떡잎골무꽃

떡잎골무꽃

잎

6월 열매

줄기는 곧게 서고 전체에 긴 털이 많다. 잎은 두껍고 가장자리에 둔한 톱니가 있으며 표면은 진한 녹색이고 엽맥이 뚜렷하게 함몰된다. 꽃은 줄기 끝에 촘촘하게 피며 모두 같은 방향을 보고 핀다. 아랫입술꽃잎에 반점이 있다.

- 산지의 숲 가장자리
- 20~30cm
- 마주나기, 심장형
- 5~6월, 연자주색, 총상화서
- 골무 모양

미치광이풀

가지과 | *Scopolia japonica* | 여러해살이풀

미치광이풀

꽃받침의 변이

노랑미치광이풀

줄기는 곧게 선다. 잎은 밋밋하나 가장자리에 둔한 톱니가 있기도 하다. 꽃은 위쪽의 잎겨드랑이에 핀다. 꽃받침의 갈래조각 중 하나가 긴 변이가 관찰된다. 꽃이 노란색으로 피는 것은 '노랑미치광이풀(*S. lutescens*)'이라고 한다.

- 깊은 산의 숲 속
- 30~60cm
- 어긋나기, 난상 타원형
- 4~5월, 흑자색
- 난형, 꽃받침에 싸임

현삼과 | *Mazus pumilus* | 한두해살이풀 # 주름잎

주름잎

9월 열매

누운주름잎

줄기는 곧게 서고 털이 흩어져 난다. 잎은 끝이 둥글고 가장자리에 둔한 톱니가 있다. 꽃은 입술 모양으로 피고 아랫입술꽃잎에 노란색의 무늬가 있다. 여러해살이풀인 '누운주름잎(*M. miquelii*)' 은 기는줄기로 땅을 기며 번식한다.

- 논밭이나 길가의 그늘진 곳
- 5~20cm
- 마주나기, 거꾸로 된 난형
- 5~8월, 흰 바탕의 연자주색
- 꽃받침에 싸이는 둥근 모양

큰개불알풀

현삼과 | *Veronica persica* | 한두해살이풀

큰개불알풀

꽃

4월 열매

유럽 원산의 풀이다. 줄기는 비스듬히 자라고 부드러운 털로 덮여 있다. 잎은 아래쪽에서는 마주 나고 가장자리에 톱니가 있다. 꽃은 줄기 위쪽의 잎겨드랑이에서 나온 긴 꽃자루에 핀다. 꽃의 지름은 7~10mm로, 개불알풀보다 크다.

- 볕이 잘 드는 풀밭
- 10~30cm
- 어긋나기, 삼각상 난형
- 4~6월, 하늘색
- 둥근 타원형

개불알풀　　　　　　　　　선개불알풀

눈개불알풀　　　　　　　　문모초

'개불알풀(V. didyma var. lilacina)'은 한해살이풀로, 지름 2~3㎜ 정도의 작은 홍자색 꽃이 핀다. '선개불알풀(V. arvensis)'은 한두해살이풀로, 줄기잎은 삼각상의 난형에서 선형으로 바뀌며 꽃자루 없는 청자색 꽃이 1개씩 핀다. '눈개불알풀(V. hederaefolia)'은 두해살이풀로, 전체적으로 털이 많고 연한 청자색 꽃이 피며 다 자란 뒤에도 노란 떡잎이 남아 있다. '문모초(V. peregrina)'는 논밭이나 냇가 근처에서 자라며 잎겨드랑이에 흰색 꽃이 핀다.

물칭개나물

현삼과 | *Veronica undulata* | 두해살이풀

물칭개나물

꽃

7월 열매

줄기는 곧게 선다. 잎은 잎자루가 없고 끝이 뾰족하며 밑부분은 심장형으로 줄기를 약간 감싸고 가장자리에 잔톱니가 있다. 꽃은 잎겨드랑이에서 나온 꽃차례에 피고 꽃잎에는 연보라색의 줄무늬가 있다. 꽃대축에 샘털이 있다.

- 물가나 습한 곳
- 30~60cm
- 마주나기, 피침형
- 5~6월, 흰색, 총상화서
- 둥근 모양

| 1 | 2 | 3 | 4 | 5 | 6 | 7 | 8 | 9 | 10 | 11 | 12 |

현삼과 | *Pedicularis ishidoyana* | 여러해살이풀

애기송이풀

애기송이풀

잎

만주송이풀

줄기는 짧고 전체에 잔털이 있다. 잎은 1회 깃꼴 겹잎으로, 갈래조각은 다시 갈라지며 잎자루는 길다. 꽃은 잎겨드랑이에 1~2개씩 달린다. 설악산 이북에서 자라는 만주송이풀(*P. manshurica*)은 노란색 꽃이 총상화서로 핀다.

- 산기슭
- 7~8cm
- 뿌리잎만으로 된 깃꼴겹잎
- 5~6월, 홍자색
- 둥근 모양

창질경이

질경이과 | *Plantago lanceolata* | 두해살이풀 또는 여러해살이풀

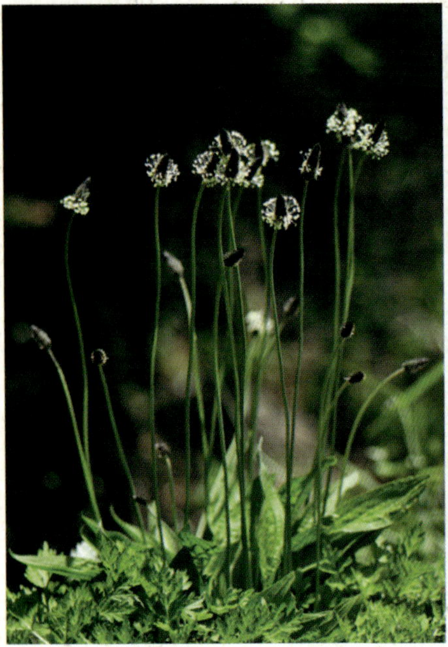

창질경이

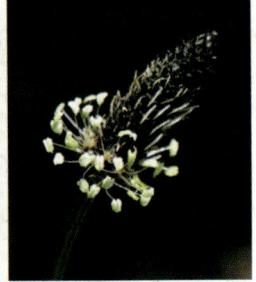

꽃

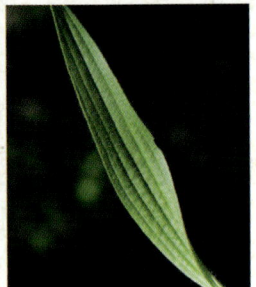

잎

뿌리줄기는 짧고 굵다. 뿌리잎이 비스듬히 퍼지며 털이 있다. 잎은 10~30cm이고 톱니가 없으며 3~5개의 맥이 있다. 뿌리에서 나온 꽃줄기 끝에 이삭 모양의 꽃차례가 달린다. 수술은 백색이고 꽃부리 바깥으로 나온다.

- 길가나 풀밭
- 30~60cm
- 모여나기, 피침형
- 4~11월, 흰색, 수상화서
- 장타원형, 1~2개의 씨가 있음

1	2	3	4	5	6	7	8	9	10	11	12

연복초과 | *Adoxa moschatellina* | 여러해살이풀

연복초

연복초

위쪽 꽃

5월 열매

기는줄기가 옆으로 벋는다. 뿌리잎은 잎자루가 길고 1~3회 3출겹잎이다. 줄기잎은 1쌍이다. 꽃은 줄기 끝에 5송이가 달린다. 위쪽의 꽃은 꽃부리가 4개, 수술은 8개이며 주변부의 꽃은 꽃부리가 5개, 수술은 10개이다.

- 숲 속의 그늘진 곳
- 5~15cm
- 마주나기, 3개로 갈라짐
- 4~5월, 황록색
- 3~5개가 모여 달림

쥐오줌풀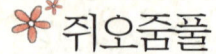

마타리과 | *Valeriana fauriei* | 여러해살이풀

쥐오줌풀

줄기의 털

넓은잎 쥐오줌풀

줄기는 곧게 서고 마디와 아래쪽 줄기에 털이 있다. 잎은 가장자리에 톱니가 있다. 꽃은 줄기 끝에 갈라진 가지마디 모여 핀다. 울릉도에 분포하는 '넓은잎쥐오줌풀(*V. dageletiana*)'은 마디 외에는 털이 없으며 잎이 넓고 크다.

- 산지의 그늘진 곳
- 30~80cm
- 마주나기, 깃꼴겹잎
- 5~6월, 연분홍색, 산방화서
- 피침형

초롱꽃과 | *Campanula punctata* | 여러해살이풀

초롱꽃

줄기의 털

초롱꽃

섬초롱꽃

줄기는 곧게 서며 거친 털이 있다. 뿌리잎은 난상 심장형이다. 꽃은 원통형의 초롱 모양으로 달린다. 울릉도에서 자라는 '섬초롱꽃(*C. takesimana*)'은 줄기가 비스듬히 서고 털이 거의 없으며 잎이 심장형인 점이 다르다.

- 산기슭의 풀밭이나 숲가
- 30~80cm
- 어긋나기, 삼각상의 난형
- 5~7월, 황백색
- 난형

솜나물

국화과 | *Leibnitzia anandria* | 여러해살이풀

솜나물

꽃

가을형의 10월 열매

봄에 돋는 잎은 갈라지지 않으나 가을에 돋는 잎은 크고 깃꼴로 갈라진다. 꽃은 봄형과 가을형으로, 두 번 핀다. 가을에 자라난 기다란 꽃줄기 끝에 닫힌꽃이 달려 열매를 맺는다. 봄형 꽃에서도 열매를 맺기도 한다.

- 산과 들의 풀밭
- 10~20cm(봄), 30~60cm(가을)
- 넓은 피침형
- 4~5월, 8~9월, 흰색
- 구형

국화과 | *Tephroseris Kirilowii* var. *spathulatus* | 여러해살이풀 솜방망이

솜방망이

새싹

5월 열매

전체에 솜털이 많다. 뿌리잎은 방석 모양을 이루며 가장자리가 밋밋하거나 잔톱니가 있다. 줄기잎은 듬성듬성 작게 줄기를 감싸듯이 붙는다. 줄기 끝에 지름 3~4cm의 두상화서가 모여 산방화서를 이룬다. 가장자리에 혀꽃이 있다.

- 산과 들의 풀밭
- 30~50cm
- 어긋나기, 타원형
- 4~5월, 노란색, 산방화서
- 구형

쇠채

국화과 | *Scorzonera albicaulis* | 여러해살이풀

쇠채

꽃

6월 열매

줄기는 곧게 자라고 전체가 흰 털로 덮여 있다. 줄기잎은 10~33cm로 길고 가장자리는 밋밋하며 위로 갈수록 작아진다. 가지와 줄기 끝에 5~9개의 두상화가 달린다. 총포조각은 5~7줄로 배열한다. 자르면 미색의 액이 나온다.

- 산기슭의 풀밭
- 40~50cm
- 어긋나기, 선상 피침형
- 5~8월, 노란색, 두상화
- 구형

멱쇠채

쇠채아재비

쇠채아재비의 꽃

멱쇠채(*S. austriaca* subsp. *glabra*)'는 여러해살이풀로, 키가 30㎝ 이하로 작고 뿌리잎이 방석 모양으로 퍼지며 꽃줄기 끝에 두상화가 1개씩 피는 점이 쇠채와 다르다. 유럽 원산의 '쇠채아재비(*Tragopogon dubius*)'는 한두해살이풀로, 쇠채와 비슷하지만 두상화 바로 밑의 꽃자루가 넓적하고 뾰족한 총포조각이 8~13개가 비슷한 모양으로 1줄로 배열되는 점이 다르다. 충북 단양과 강원 영월 등지에서 자라던 것이 경기 일원에까지 퍼져 있다.

개쑥갓

국화과 | *Senecio vulgaris* | 한두해살이풀

개쑥갓

꽃

7월 열매

유럽 원산의 풀이다. 줄기는 곧게 서고 위쪽에서 가지가 많이 갈라진다. 잎은 다소 두껍고 짙은 녹색을 띤다. 줄기나 가지 끝에 두상화가 달리는데 대개는 대롱꽃이며 거의 1년 내내 핀다. 식물체에서 쑥갓에서 나는 향기가 난다.

- 길가나 빈터
- 10~30cm
- 어긋나기, 깃꼴겹잎
- 1~12월, 노란색, 산방화서
- 구형

서양금혼초

국화과 | *Hypochaeris radicata* | 여러해살이풀

서양금혼초

줄기에서 나오는 액

6월 열매

뿌리에서 여러 개의 줄기가 뭉쳐나고 위쪽에서 가지를 친다. 뿌리잎은 4~8쌍의 큰 톱니가 있고 양면에 거친 털이 많다. 줄기 끝에 지름 3cm의 꽃이 핀다. '개민들레' 또는 '민들레아재비'라고도 한다. 줄기를 자르면 액이 나온다.

- 남부지방의 풀밭
- 30~50cm
- 거꾸로 된 피침형
- 5~9월, 노란색, 두상화
- 구형

민들레

국화과 | *Taraxacum platycarpum* | 여러해살이풀

민들레

총포

흰민들레

뿌리잎은 방석 모양으로 퍼지고 가장자리가 크게 갈라진다. 긴 꽃줄기 끝에 혀꽃으로 된 꽃이 핀다. 총포조각이 뒤로 젖혀지지 않고 총포조각 끝에 뿔 모양의 돌기가 있다. 흰 꽃이 피는 것은 '흰민들레(*T. coreanum*)'라고 한다.

- 양지바른 들판
- 5~15cm
- 방석 모양
- 4~5월, 노란색, 두상화
- 구형

서양민들레 / 서양민들레의 총포

산민들레 / 산민들레의 총포

'서양민들레(*T. officinale*)'는 유럽 원산의 여러해살이풀로, 3~11월까지 진한 노란색의 꽃을 피워 씨를 날린다. 민들레와 비슷하지만 총포조각이 처음부터 완전히 뒤로 젖혀지는 점이 다르다. 생존력이 좋고 개화기가 길어서 전국의 산야에 많이 퍼져 자란다. 깊은 산의 양지바른 곳에서 자라는 '산민들레(*T. ohwianum*)'는 총포조각이 뒤로 젖혀지지 않는 점은 민들레와 같으나 총포조각 끝에 뿔 모양의 돌기가 없어 밋밋한 점이 다르다.

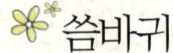
씀바귀
국화과 | *Ixeridium dentatum* | 여러해살이풀

씀바귀

혀꽃

흰씀바귀

뿌리잎은 방석 모양으로 퍼지고 넓은 피침형이며 가장자리에 톱니가 있다. 줄기잎은 밑부분이 줄기를 감싼다. 가지마다 5~11개의 혀꽃으로 된 꽃이 핀다. 흰 꽃이 피는 것은 '흰씀바귀(for. *albiflora*)'라고 한다.

- 산과 들의 풀밭이나 빈터
- 20~50cm
- 어긋나기, 피침형
- 5~6월, 노란색, 산방화서
- 구형

선씀바귀

노랑선씀바귀

벋음씀바귀

'선씀바귀(*I. strigosa*)'는 길가나 풀밭에서 자라며 20~30개의 많은 혀꽃으로 된 꽃이 여러 개가 모여 산형화서를 이루어 피는 점이 다르다. 꽃의 색깔은 대개 흰색 또는 연하거나 선명한 보라색으로 핀다. 선씀바귀처럼 여러 개의 혀꽃으로 된 꽃이 피지만 꽃이 노란색이고 잎이 깊게 갈라지는 것은 '노랑선씀바귀(*I. chinensis*)'라고 한다. 뿌리잎이 선형에 가까운 긴 주걱 모양이고 기는 줄기가 옆으로 벋으며 자라는 것은 '벋음씀바귀(*I. debilis*)'라고 한다.

좀씀바귀 · 벌씀바귀

갯씀바귀 · 고들빼기

'좀씀바귀(*I. stolonifera*)'는 잎이 넓은 난형이고 땅 위를 기면서 마디에서 뿌리를 내린다. 길가나 들판에서 자라는 '벌씀바귀(*I. polycephala*)'는 잎이 피침형이고 잎밑이 줄기를 감싸며 지름이 8mm인 매우 작은 두상화가 달린다. 바닷가의 모래땅에서 자라는 '갯씀바귀(*I. repens*)'는 잎이 손바닥처럼 3~5개로 갈라진다. '고들빼기(*Crepidiastrum sonchifolium*)'는 줄기잎이 줄기를 완전히 감싸며 씀바귀보다 많은 수의 혀꽃(17~19개)이 달린다.

국화과 | *Sonchus asper* | 한두해살이풀 # 큰방가지똥

큰방가지똥

9월 열매

방가지똥

줄기는 곧게 자라고 속이 비어 있다. 뿌리잎은 방석 모양이다가 꽃이 필 때쯤이면 없어진다. 잎 가장자리에 날카로운 톱니가 있고 밑부분이 둥근 귀 모양이다. '방가지똥(*S. oleraceus*)'은 잎의 밑부분이 뾰족한 귀 모양이다.

- 길가나 빈터
- 40~120cm
- 어긋나기, 난상 타원형
- 5~10월, 노란색, 두상화
- 구형

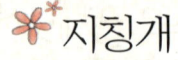 # 지칭개

국화과 | *Hemistepta lyrata* | 두해살이풀

제비꽃

꽃

6월 열매

줄기는 곧게 자라고 가지가 갈라진다. 뿌리잎 방석 모양으로 퍼지고 깃꼴겹잎을 이룬다. 잎 뒷면에 솜 같은 털이 있다. 꽃은 갈라진 가지 끝마다 1개씩 달린다. 총포는 8줄로 배열되고 표면에는 닭의 볏 같은 돌기가 있다.

- 길가나 풀밭
- 40~80cm
- 어긋나기, 깃꼴겹잎
- 5~7월, 분홍색, 두상화
- 긴 타원형

| 1 | 2 | 3 | 4 | 5 | 6 | 7 | 8 | 9 | 10 | 11 | 12 |

국화과 | *Rhaponticum uniflorum* | 여러해살이풀 뻐꾹채

뻐꾹채

수꽃

6월 열매

줄기는 곧게 서고 전체에 거미줄 같은 털이 있다. 잎은 5~6쌍 정도 깃꼴로 깊게 갈라지고 가장자리에 불규칙한 톱니가 있다. 암수딴포기로, 꽃은 줄기 끝에 달리며 두상화의 지름이 5~6cm로 크다. 총포는 6줄로 배열된다.

- 산기슭의 건조한 풀밭
- 40~70cm
- 어긋나기, 피침상 타원형
- 5~8월, 홍자색, 두상화
- 갓털이 달린 긴 타원형

처녀치마

백합과 | *Heloniopsis koreana* | 늘푸른여러해살이풀

처녀치마

꽃

5월 열매

뿌리잎이 광택이 있으며 가장자리에 톱니 모양의 굴곡이 있다. 꽃줄기의 아래쪽에 비늘잎이 여러 개가 어긋나게 달린다. 꽃은 꽃자루가 짧고 꽃잎은 6장이다. 수술은 6개로, 꽃잎보다 길게 밖으로 나온다. 꽃줄기는 점점 길어진다.

- 산지의 습한 곳
- 10~30cm
- 모여나기, 거꾸로 된 피침형
- 4~6월, 분홍색, 총상화서
- 삼각상의 긴 타원형

백합과 | *Gagea lutea* | 여러해살이풀 # 중의무릇

중의무릇

비늘줄기

애기중의무릇

땅속에 난형의 황백색 비늘줄기가 있다. 뿌리잎이 1개가 길게 난다. 꽃줄기 위쪽에 2개의 포엽이 있고 갈라져 나온 꽃자루마다 1개씩의 꽃이 달린다. '애기중의무릇(*G. hiensis*)'은 잎이 2mm로 가늘며 비늘줄기가 흑갈색이다.

- 산과 들
- 15~25cm
- 선형
- 4~5월, 노란색, 산형화서
- 구형

달래

백합과 | *Allium monanthum* | 여러해살이풀

달래

비늘줄기

산달래

땅속에 난형의 비늘줄기가 있다. 1~2개의 잎과 함께 꽃줄기가 나온다. 잎은 여러 개의 맥이 있고 밑부분이 잎집을 이룬다. 꽃은 1~2개가 핀다. '산달래(*A. macrostemon*)'는 꽃이 보다 크고 꽃의 일부가 살눈으로 변하기도 한다.

- 산과 들
- 5~12cm
- 선형
- 4월, 흰색, 연분홍색
- 작은 구형

백합과 | *Allium microdictyon* | 여러해살이풀

산마늘

산마늘

비늘줄기

6월 열매

땅속에 기다란 타원형의 비늘줄기가 있다. 뿌리 잎은 2~3개가 나고 가장자리는 밋밋하며 밑부분이 잎집이 된다. 꽃은 긴 꽃줄기 끝에 공 모양으로 모여 달린다. 울릉도의 것은 다른 것으로 보기도 한다.

- 산지의 숲 속
- 40~70cm
- 타원형
- 5~6월, 흰색, 산형화서
- 구형

산자고

백합과 | *Tulipa edulis* | 여러해살이풀

산자고

활짝 핀 꽃

비늘줄기

땅속에 난형의 비늘줄기가 있다. 뿌리잎은 2개가 나는데, 가장자리는 밋밋하고 대개 분백색이 돈다. 꽃은 잎과 함께 자란 꽃줄기 끝에 1개씩의 꽃이 위를 향해 핀다. 서식 장소에 따라 꽃의 크기나 색상에 차이를 보인다.

- 산과 들의 양지바른 풀밭
- 10~20cm
- 선형
- 4월, 흰색, 겉면에 보라색 줄
- 삼각상의 난형

백합과 | *Erythronium japonicum* | 여러해살이풀 얼레지

얼레지

6월 열매

흰얼레지

땅속 깊이 길쭉한 모양의 비늘줄기가 있다. 거기서 2개의 잎이 나와 수평으로 퍼진다. 꽃은 꽃줄기 끝에 1개씩 아래를 향해 핀다. 꽃잎은 6장이고 W자의 무늬가 있다. 흰색 꽃이 피는 것은 '흰얼레지(for. *album*)'라고 한다.

- 산 속의 비옥한 땅
- 10~20cm
- 타원형, 자주색 무늬가 있음
- 4월, 홍자색
- 삼각상의 타원형

나도개감채 백합과 | *Lloydia triflora* | 여러해살이풀

나도개감채

잎

비늘줄기

땅속에 타원형의 비늘줄기가 있다. 1개의 뿌리잎이 나오고 줄기잎은 피침형으로 달린다. 줄기 위쪽에 2~6개의 꽃이 달린다. 꽃잎은 6장이고 흰색 바탕에 녹색 줄이 있다. 수술은 6개로, 꽃잎보다 짧다. 암술은 3갈래로 갈라진다.

- 중부 이북의 산지
- 10~20cm
- 삼각상의 선형, 피침형
- 4~5월, 흰색
- 거꾸로 된 난형

백합과 | *Clintonia udensis* | 여러해살이풀

나도옥잠화

나도옥잠화

꽃

8월 열매

땅속줄기는 짧고 수염뿌리가 난다. 잎은 가장자리가 밋밋하고 끝이 뾰족하다. 꽃은 꽃줄기 끝에 여러 개가 모여 달린다. 꽃잎과 수술은 각각 6개이다. 암술대는 원기둥 모양이고 암술머리는 3갈래로 갈라진다.

- 깊은 산의 그늘진 곳
- 20~70cm
- 2~6개의 타원형
- 5~7월, 흰색, 총상화서
- 타원형, 짙은 남색

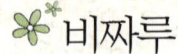
비짜루

백합과 | *Asparagus schoberioides* | 여러해살이풀

비짜루(산지의 것)

수꽃(해안의 것)

암꽃(해안의 것)

9월 열매

암수딴포기이다. 줄기는 원기둥 모양이고 곧게 서며 가지를 친다. 꽃은 잎겨드랑이에 2~6개씩 달린다. 꽃자루는 1~3mm까지 관찰되고 꽃자루 끝에 마디가 있다. 해안에서 자라는 것은 잎과 줄기가 더욱 억세고 누워 자란다.

- 산지의 풀밭이나 바닷가
- 50~100cm
- 잎처럼 생긴 선형의 엽상지
- 5~6월, 백록색
- 원형, 붉은색

백합과 | *Asparagus oligoclonos* | 여러해살이풀

방울비짜루

방울비짜루(산지의 것)

수꽃(해안의 것)

암꽃(해안의 것)

9월 열매

암수딴포기이다. 줄기는 곧게 선다. 꽃은 잎겨드랑이에 1~2개씩 달리고 꽃잎이 뒤로 젖혀진다. 꽃자루는 7~8mm까지 관찰되고 마디의 위치는 유동적이다. 해안에서 자라는 것은 꽃자루가 짧고 더욱 억세며 누워 자라기도 한다.

- 산지의 풀밭이나 바닷가
- 50~100cm
- 잎처럼 생긴 선형의 엽상지가
- 5~7월, 백록색
- 원형, 붉은색

천문동

백합과 | *Asparagus cochinchinensis* | 여러해살이풀

천문동

수꽃

암꽃

10월 열매

암수딴포기이다. 목질화와 덩굴성이 나타나며 땅속에 방추형의 뿌리줄기가 있다. 짧은 가지가 잎처럼 보이고 그 겨드랑이에 뾰족한 가시가 있다. 꽃잎이 수평으로 활짝 젖혀진다. 열매는 백색에서 반투명하게 익고 단맛이 난다.

- 남부지방의 바닷가 근처
- 1~2m
- 잎처럼 생긴 엽상지가 뭉쳐남
- 5~6월, 황백색, 1~3개
- 구형, 흰색, 씨는 검은색

백합과 | *Convallaria keiskei* | 여러해살이풀

은방울꽃

꽃

꽃

9월 열매

땅속줄기가 옆으로 벋는다. 잎은 대개 2개가 나고 밑부분이 서로 안는다. 꽃줄기는 잎보다 짧은 키로 달리며 비스듬히 휘어진다. 꽃은 종 모양이고 끝이 6개로 갈라진다. 꽃에서 좋은 향기가 난다. 수술은 6개이고 암술대는 짧다.

- 산기슭
- 20~30cm
- 뿌리잎이 2~3장, 긴 타원형
- 5월, 흰색, 총상화서
- 구형, 붉은색

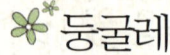
둥굴레

백합과 | *Polygonatum odoratum* var. *pluriflorum* | 여러해살이풀

둥굴레

10월 열매와 줄기의 날개

진황정

굵은 뿌리줄기가 옆으로 벋는다. 줄기는 6각의 능선이 있고 위쪽이 비스듬히 휘어진다. 잎은 잎자루가 없고 뒷면이 분백색이다. 꽃은 잎겨드랑이에서 1~2개가 피며 꽃부리 끝이 6개로 갈라진다. '진황정(*P. falcatum*)'은 능선이 없다.

- 산지의 양지바른 곳
- 20~70cm
- 어긋나기, 긴 타원형
- 5~6월, 백록색
- 구형, 검은색

| 1 | 2 | 3 | 4 | 5 | 6 | 7 | 8 | 9 | 10 | 11 | 12 |

용둥굴레 안면용둥굴레

퉁둥굴레 각시둥굴레

'용둥굴레(P. involucratum)'는 꽃이 2장의 커다란 포엽 속에 2개씩 달린다. '안면용둥굴레(P. desoulavyi)'는 용둥굴레와 비슷하나 포엽이 피침형이고 꽃자루의 중간 부분에 붙는다는 점이 다르다. 실제로는 포엽의 모양과 위치가 매우 다양하다. '퉁둥굴레(P. inflatum)'는 꽃이 3~7개가 달리고 포엽이 매우 작고 피침형으로 끝이 뾰족하고 긴 점이 특징이다. '각시둥굴레(P. humile)'는 키가 작으며 줄기가 휘어지지 않고 끝까지 곧게 선다.

층층둥굴레

죽대

윤판나물

윤판나물아재비

'층층둥굴레(*P. stenophyllum*)'는 잎이 좁은 피침형으로 길고 3~5개씩 돌려나며 꽃이 잎겨드랑이에 돌려나고 꽃자루가 짧다. '죽대(*P. lasianthum*)'는 잎자루가 있으며 양쪽으로 길게 나온 꽃줄기 끝에 1~4개의 꽃이 달린다. '윤판나물(*Disporum uniflorum*)'은 노란색 꽃이 피며 자르면 양파 냄새가 나는 유독성식물이다. 제주도와 울릉도에서 자라는 '윤판나물아재비(*Disporum sessile*)'는 꽃이 백록색이고 꽃잎의 끝이 연녹색을 띤다.

백합과 | *Maianthemum bifolium* | 여러해살이풀

두루미꽃

두루미꽃

5월 열매

큰두루미꽃

가늘고 긴 뿌리줄기가 옆으로 벋는다. 줄기는 곧게 서고 3~5cm 정도 되는 2장의 잎이 달린다. 꽃은 꽃줄기 끝에 모여 달리고 꽃줄기에 털이 있다. '큰두루미꽃(*M. dilatatum*)'은 꽃줄기에 털이 없고 잎의 길이가 3~10cm로 크다.

- 높은 산의 숲 속
- 10~25cm
- 어긋나기, 삼각상의 심장형
- 5~7월, 흰색, 총상화서
- 구형, 붉은색

애기나리

백합과 | *Disporum smilacinum* | 여러해살이풀

애기나리

꽃

9월 열매

뿌리줄기가 옆으로 벋는다. 줄기는 곧게 서고 가지는 거의 갈라지지 않는다. 잎은 잎자루가 없고 가장자리는 밋밋하다. 꽃은 줄기 끝에 1~2개가 핀다. 꽃밥의 길이가 수술대 길이의 1/2 정도로 짧아서 꽃밥이 짧아 보인다.

- 높은 산의 숲 속
- 15~30cm
- 어긋나기, 긴 타원형
- 4~5월, 흰색
- 구형, 검은색

큰애기나리 | 큰애기나리의 꽃

금강애기나리

금강애기나리의 8월 열매

'큰애기나리(*D. viridescens*)'는 키가 30~70cm로, 애기나리보다 2배 정도 크며 잎도 6~12cm로, 2배 정도 크다. 위쪽에서 가지가 많이 갈라지고 꽃이 여러 개(1~3개)가 달리는 점이 애기나리와 다르다. 꽃밥과 수술대의 길이가 비슷해서 꽃밥이 커 보이는 점도 애기나리와 다르다. 높은 산의 숲 속에서 자라는 '금강애기나리(*D. ovalis*)'는 노란 바탕에 짙은 갈색 반점이 많은 꽃이 1~3개가 달린다. 열매는 삼각상의 구형으로 달리고 붉은색으로 익는다.

풀솜대

백합과 | *Smilacina japonica* | 여러해살이풀

풀솜대

9월 열매

자주솜대

뿌리줄기는 통통하다. 줄기는 위쪽에서 비스듬히 휘어지고 털이 많다. 잎은 5~7개가 달리고 양면에 털이 많다. 꽃차례는 전체적으로 원뿔 모양이다. '자주솜대(*S. bicolor*)'는 꽃이 연녹색 또는 자줏빛이 도는 흑색으로 된다.

- 산지의 숲 속
- 20~50cm
- 어긋나기, 긴 타원형
- 5~6월, 흰색, 겹총상화서
- 구형, 붉은색

백합과 | *Paris verticillata* | 여러해살이풀 # 삿갓나물

삿갓나물

8월 열매

검은삿갓나물

줄기는 곧게 서고 4~8개의 잎이 수평으로 돌려난다. 꽃의 바깥꽃덮이는 4~5개가 꽃받침잎 모양으로 퍼지고 선형의 내화피는 밑으로 늘어진다. 수술은 8~10개이다. '검은삿갓나물(var. *nigra*)'는 전체가 검붉은 자주색이다.

- 산지의 숲 속
- 30~40cm
- 돌려나기, 타원형
- 5~6월, 노란색
- 구형, 흑자색

쥐꼬리풀

백합과 | *Aletris spicata* | 여러해살이풀

쥐꼬리풀

꽃

7월 열매

뿌리줄기는 짧고 굵다. 잎은 뿌리에서 모여나고 3개의 잎맥이 있다. 줄기는 뿌리잎 사이에서 돋고 꼬부라진 흰 털이 있으며 몇 개의 줄기잎이 달린다. 꽃부리는 끝이 6개로 갈라지고 선형의 포엽이 있으며 수술은 6개이다.

- 남부지방의 양지바른 산기슭
- 30~50cm
- 선형
- 5~7월, 흰색, 수상화서
- 타원형, 흰 털이 있음

백합과 | *Trillium tschonoskii* | 여러해살이풀

큰연영초

큰연영초

5월 열매

연영초

줄기는 곧게 선다. 1개의 꽃이 달리며 꽃받침은 3장이다. 꽃밥이 수술대의 길이와 비슷하다. 씨방이 검다. '연영초(*T. kamtschaticum*)'는 중부 이북에서 자라며 꽃밥이 수술대보다 2~3배 길고 씨방이 연한 노란색이다.

- 울릉도와 북부지방의 숲
- 20~30cm
- 3장이 돌려나기, 넓은 난형
- 5~6월, 흰색, 또는 연분홍색
- 삼각상의 구형, 검은색

각시붓꽃

백합과 | *Iris rossii* | 여러해살이풀

각시붓꽃

꽃줄기

넓은잎각시붓꽃

잎은 서로 안 듯이 어긋나고 꽃이 핀 다음에 30cm까지 자란다. 너비는 2~5mm이다. 통부는 4~6cm이고 바깥 꽃잎은 거꾸로 된 난형이다. '넓은잎각시붓꽃(var. *latifolia*)'는 잎이 넓고 밑부분이 원통형이며 칼집처럼 갑자기 좁아진다.

- 산지의 풀밭
- 15~30cm
- 어긋나기, 긴 선형
- 4~5월, 보라색, 연보라색
- 긴 난형

난장이붓꽃

붓꽃

타래붓꽃

등심붓꽃

설악산 이북의 고산지대에서 자라는 '난장이붓꽃(*I. uniflora* var. *caricina*)'은 바깥꽃잎이 긴 타원형이고 흰 무늬가 꽃잎의 아래쪽까지 나 있다. '붓꽃(*I. sanguinea*)'은 안쪽꽃잎이 꼿꼿이 선다. 건조한 풀밭에서 자라는 '타래붓꽃(*I. lactea* var. *chinensis*)'은 2~4개의 연보라색 꽃이 피며 잎이 실타래처럼 비틀린다. 제주도의 풀밭에서 자라는 '등심붓꽃(*Sisyrinchium angustifolium*)'은 안쪽에 붉은색 무늬가 있는 작은 보라색 꽃이 여러 개가 핀다.

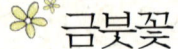
금붓꽃

백합과 | *Iris minutiaurea* | 여러해살이풀

금붓꽃

노랑붓꽃

노랑무늬붓꽃

잎은 서로 안 듯이 어긋난다. 꽃은 줄기 끝에 1개씩 핀다. 꽃이 2개씩 피는 것은 '노랑붓꽃(*I. koreana*)'이라고 한다. 흰색 바탕에 노란색 무늬가 있는 것은 '노랑무늬붓꽃(*I. odaesanensis*)'이라고 하며 태백산 이북에서 자란다.

- 산지의 풀밭
- 10~15cm
- 어긋나기, 긴 선형
- 4~5월, 노란색
- 긴 난형

천남성과 | *Pinellia ternata* | 여러해살이풀 **반하**

반하

알줄기

검은색 반하

땅속에 둥근 알줄기가 있다. 알줄기에서 1~2개의 잎이 돋는다. 잎자루의 중간이나 끝 등지에 살눈이 생기기도 한다. 불염포 안에 있는 꽃이삭 위쪽에 수꽃이 달리고 아래쪽에 암꽃이 달린다. 불염포가 검은색인 것도 발견된다.

- 산과 들과 밭이나 길가
- 20~40cm
- 3출엽, 긴 타원형
- 5~6월, 녹색, 육수화서
- 타원형

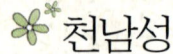
천남성

천남성과 | *Arisaema amurense* for. *serratum* | 여러해살이풀

천남성

10월 열매

둥근잎천남성

암수딴포기이다. 땅속에 둥글납작한 알줄기가 있다. 줄기잎은 1~2개가 어긋나고 작은잎 5~11개가 새발 모양으로 달린다. 꽃은 불염포에 싸인 채 핀다. '둥근잎천남성(*A. amurense*)'은 둥글고 넓은 작은잎이 3~5개가 달린다.

- 산지의 그늘진 곳
- 30~50cm
- 1~2개가 어긋나기
- 5~6월, 녹색, 육수화서
- 난형 또는 타원형

점박이천남성

두루미천남성

큰천남성

섬남성

줄기 위쪽까지 밤색 얼룩이 뚜렷하고 줄기잎이 마주나는 것은 '점박이천남성(A. peninsulae)'이다. '두루미천남성(A. heterophyllum)'은 1개의 줄기잎에 7~19개의 작은잎이 두루미 날개처럼 펼쳐지고 꽃이삭의 끝이 채찍처럼 길게 위로 벋는다. '큰천남성(A. ringens)'은 3출엽으로 된 2개의 줄기잎이 마주난다. 울릉도에서 자라는 '섬남성(A. takesimense)'은 2개의 줄기잎이 어긋나고 무늬가 있는 작은잎이 9~11개가 달린다.

앉은부채

천남성과 | *Symplocarpus renifolius* | 여러해살이풀

앉은부채

잎

노란색 앉은부채

땅속의 줄기에 기다란 끈 모양의 수염뿌리가 있다. 잎보다 먼저 얼룩무늬가 있는 불염포가 올라와 그 안에 도깨비방망이 모양의 꽃차례가 달린다. 꽃이 질 무렵에 잎이 돋아 커다랗게 자라난다. 불염포의 색은 매우 다양하다.

- 산지의 그늘진 곳
- 10~20cm
- 모여나기, 넓은 난형
- 2~4월, 육수화서
- 구형

천남성과 | *Acorus calamus* | 여러해살이풀

창포

창포

꽃

뿌리줄기

땅속으로 벋는 통통한 뿌리줄기에 적갈색 수염뿌리가 있다. 잎은 뿌리줄기에서 나와 서로 안듯이 자란다. 전체에서 좋은 향기가 난다. 꽃은 잎처럼 보이는 꽃줄기의 중간 부분에서 나온 원기둥 모양의 딱딱한 꽃차례에 달린다.

- 연못이나 개울가
- 70~100cm
- 뿌리에서 나기, 칼 모양
- 5~6월, 황록색, 육수화서
- 긴 타원형

복주머니란   난초과 | *Cypripedium macranthum* | 여러해살이풀

복주머니란

꽃

광릉요강꽃

옆으로 벋는 뿌리줄기가 있다. 줄기는 곧게 서고 털이 있다. 잎은 끝이 뾰족하다. 줄기 끝에 요강 모양의 꽃이 1개씩 달린다. '광릉요강꽃(*C. japonicum*)'은 넓은 부채 모양의 잎이 2개가 마주나고 붉은 줄무늬가 있는 꽃이 핀다.

- 산지의 양지바른 곳
- 20~40cm
- 어긋나기, 타원형
- 5~6월, 분홍색
- 타원형

난초과 | *Cephalanthera falcata* | 여러해살이풀

금난초

금난초

벌어진 꽃

5월 열매

줄기는 곧게 선다. 잎은 6~8개 정도가 달리는데 양끝이 뾰족하고 주름이 지며 구불거리면서 밑부분이 줄기를 감싼다. 줄기 위쪽에 3~10개의 꽃이 달리며 꽃잎이 반쯤 벌어진다. 가운데꽃잎에 홍자색의 줄무늬가 있다.

- 산지의 숲 속
- 40~60cm
- 어긋나기, 긴 타원형
- 4~6월, 노란색, 수상화서
- 선형

자란

난초과 | *Bletilla striata* | 여러해살이풀

자란

7월 열매

백화자란

땅속에 둥근 알줄기가 있다. 잎은 5~6개가 서로 안으면서 줄기처럼 된다. 잎은 세로로 주름이 지고 길이는 15~30cm이다. 꽃줄기 끝에 입술 모양의 꽃이 3~7개가 달린다. 흰색 꽃이 피는 것을 '백화자란(for. *gebina*)' 이라고 한다.

- 전남 해안의 풀밭
- 30~50cm
- 어긋나기, 긴 타원형
- 5~6월, 홍자색, 총상화서
- 긴 타원형

난초과 | *Cremastra variabilis* | 여러해살이풀

약난초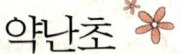

약난초

잎

헛알줄기

땅속에 감자 모양의 둥근 헛알줄기가 있다. 잎은 대개 가을경에 1개가 나와 겨울을 난다. 양끝이 뾰족한 편이다. 꽃은 입술 모양으로 피고 꽃줄기 끝에 15~20개가 달린다. 꽃잎은 대개 열리지 않으며 꽃에서 미약한 향기가 난다.

- 남부지방의 숲 속
- 30~40cm
- 1~2개, 긴 타원형
- 5~6월, 홍자색, 총상화서
- 타원형

감자난초

난초과 | *Oreorchis patens* | 여러해살이풀

감자난초

잎

헛알줄기

땅속에 감자 모양의 둥근 헛알줄기가 있다. 잎은 대개 1~2개가 나고 양끝이 뾰족한 편이다. 꽃은 입술 모양으로 피고 꽃줄기 끝에 10~25개가 달린다. 입술꽃잎은 흰색이거나 반점이 있으며 깊게 3개로 갈라진다.

- 산지의 숲 속
- 30~50cm
- 1~2개, 피침형
- 5~6월, 황갈색, 총상화서
- 긴 타원형

난초과 | *Calanthe discolor* | 늘푸른여러해살이풀

새우난초

새우난초

7월 열매

금새우난초

땅속의 뿌리줄기에 새우등처럼 마디가 많다. 잎은 양끝이 좁고 세로로 주름이 진다. 꽃은 줄기 끝에 드문드문 달리고 홍자색, 녹갈색, 백록색 등 색의 변이가 있다. '금새우난초(for. *sieboldii*)'는 노란색의 커다란 꽃이 핀다.

- 남부지방의 숲 속
- 30~50cm
- 2~3개, 타원형
- 4~5월, 자갈색, 총상화서
- 거꾸로 된 난형

보춘화

난초과 | *Cymbidium goeringii* | 늘푸른여러해살이풀

보춘화

3월 열매

뿌리

뿌리는 통통하고 사방으로 벋는다. 잎은 뿌리에서 모여나는데, 끝이 뾰족하고 가장자리에 미세한 톱니가 있으며 맥문동의 잎과 달리 빳빳하게 서는 편이다. 꽃은 꽃줄기 끝에 1~2개가 피고 향기가 있다. '춘란'이라고도 한다.

- 남부지방 산지의 숲 속
- 20~35cm
- 모여나기, 긴 선형
- 3~4월, 연한 황록색
- 거꾸로 된 난형

손바닥 식물도감

봄나무편

은행나무
은행나무과 | *Ginkgo biloba* | 갈잎큰키나무

경기도 수종사의 은행나무

수꽃

유주

10월 열매

나무껍질은 회갈색이고 두꺼운 코르크질이 생긴다. 암수딴그루로, 수꽃은 꼬리처럼 생겼고 암꽃은 짧은 가지 끝에 녹색으로 달린다. 열매에서 고약한 냄새가 난다. 오래된 나무에는 '유주(乳柱)'라는 것이 달린다.

- 주로 심어 기름
- 40~60m
- 어긋나기, 모여나기
- 4~5월, 황록색
- 10~11월, 구형, 살구색

소나무과 | *Abies holophylla* | 늘푸른바늘잎나무 # 전나무

강원도 오대산의 전나무

수꽃

잎

9월 열매

수형이 곧고 원뿔형이다. 나무껍질은 회색 또는 짙은 갈색이다. 잎은 끝이 뾰족하고 뒷면에는 회백색의 숨구멍줄이 2개 있다. 암수한그루로, 수꽃은 황록색이고 암꽃은 긴 타원형이다. 열매의 표면에 돌기가 나오지 않는다.

- 높은 산
- 30~40m
- 촘촘히 나기, 선형
- 4~5월, 황록색 또는 녹색
- 10월, 원통형

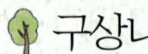
구상나무

소나무과 | *Abies koreana* | 늘푸른바늘잎나무

제주도 한라산의 구상나무

수꽃

암꽃

8월 열매

나무껍질은 회갈색이다. 잎은 끝이 오목하게 파이고 뒷면에 흰색의 숨구멍줄이 2개 있다. 암수한그루로, 수꽃은 타원형이고 암꽃은 원통형이며 색은 다양하다. 열매에 달리는 비늘 모양의 돌기가 아래로 젖혀지는 점이 특징이다.

- 높은 산
- 10~15m
- 돌려나기, 넓은 선형
- 5~6월, 황록색 또는 자주색
- 9~10월, 원통형

소나무과 | *Pinus koraiensis* | 늘푸른바늘잎나무 # 잣나무

설악산 한계령의 잣나무

수꽃

7월 열매

눈잣나무

나무껍질은 회갈색이고 세로로 갈라진다. 잎은 가늘고 길다. 암수한그루로, 어린 가지의 아래쪽에 수꽃이 달리고 위쪽에 암꽃이 달린다. 떨기나무 형태로 누워 자라는 것은 '눈잣나무(*P. pumila*)'로, 잎의 길이가 3~6cm로 짧다.

- 높은 산
- 20~30m
- 5개씩 뭉쳐나기, 바늘잎
- 5~6월, 황적색 또는 자주색
- 다음해 10월, 난형

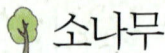
소나무

소나무과 | *Pinus densiflora* | 늘푸른바늘잎나무

물향기수목원의 소나무

수꽃

암꽃

1월 열매

나무껍질은 적갈색이고 거북의 등처럼 세로로 갈라진다. 잎은 8~9㎝이다. 암수한그루로, 새 가지의 아래쪽에 수꽃이 달리고 위쪽에 암꽃이 달린다. 솔방울 열매는 흑갈색으로 익고 익으면 벌어지면서 날개 달린 씨가 나온다.

- 산지
- 25~35m
- 2개씩 뭉쳐나기, 바늘잎
- 5월, 노란색 또는 자주색
- 다음해 9~10월, 난형

곰솔　　　　　　　　　　금강소나무

반송　　　　　　　　　　리기다소나무

 '곰솔(*P. thunbergii*)'은 나무껍질이 흑갈색이고 봄에 돋는 새순이 흰빛을 띠며 잎이 뻣뻣하다. '춘양목' 또는 '금강송' 또는 '강송'이라고 불리는 '금강소나무(for. *erecta*)'는 줄기가 곧고 나무껍질이 유난히 붉다. '반송(for. *multicaulis*)'은 줄기의 밑부분에서 가지가 갈라져 나와 수형이 소반이나 쟁반 모양이 되는 것을 말한다. 북미 원산의 조림용 수목인 '리기다소나무(*P. rigida*)'는 잎이 대개 3개씩 뭉쳐나고 줄기에도 잎이 달리며 암꽃이 분홍색이다.

주목

주목과 | *Taxus cuspidata* | 늘푸른바늘잎나무

강원도 소백산의 주목

나무껍질

수꽃

10월 열매

나무껍질은 적갈색이고 얕게 갈라진다. 잎은 폭이 3㎜ 정도이고 끝이 뾰족하며 뒷면에 2개의 연한 노란색 줄이 있다. 암수딴그루로, 수꽃은 노란색으로 달리고 암꽃은 작게 녹색으로 달린다. 열매의 헛씨껍질에서 단맛이 난다.

- 높은 산
- 10~17m
- 촘촘히 나기, 선형
- 4월, 노란색 또는 녹색
- 8~9월, 구형, 붉은색

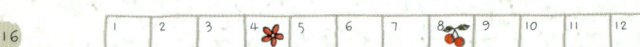

측백나무과 | *Juniperus chinensis* | 늘푸른바늘잎나무 # 향나무

울릉도 도동항의 향나무

수꽃

암꽃

10월 열매

나무껍질은 회갈색이고 세로로 얇게 벗겨진다. 어린 가지에는 바늘잎이 달리고 7~8년 이상 된 가지에는 비늘잎이 달린다. 암수딴그루로, 수꽃은 타원형이고 암꽃은 둥글다. 나무에서 좋은 향기가 나서 흔히 심어 기른다.

- 울릉도
- 15~20m
- 촘촘히 나기, 선형
- 4월, 노란색 또는 황록색
- 다음해 9~10월, 구형, 검은색

메타세쿼이아

 낙우송과 | *Metasequoia glyptostroboides* | 갈잎바늘잎나무

경상남도수목원의 메타세쿼이아

마주나는 잎

암꽃

11월 열매

줄기가 곧게 벋어 아름다운 수형을 만든다. 나무껍질은 적갈색이고 세로로 벗겨진다. 잎은 깃털 모양으로 10~20쌍이 마주나고 잔가지도 마주난다. 암수한그루로, 수꽃은 밑으로 늘어지고 암꽃은 가지 끝에 달린다.

- 중국 원산, 심어 기름
- 15~20m
- 마주나기, 선형
- 3월, 노란색 또는 녹색
- 10~11월, 구형

낙우송과 | *Taxodium distichum* | 갈잎바늘잎나무

낙우송

홍릉수목원의 낙우송

어긋나는 잎

암꽃

9월 열매

전체적으로 원뿔 모양의 수형을 보인다. 나무 껍질은 적갈색이고 작은 조각으로 벗겨진다. 잎은 깃털 모양이고 어긋나고 잔가지도 어긋난다. 암수한그루로, 수꽃은 밑으로 늘어지고 암꽃은 가지 끝에 둥글게 달린다.

- 북미 원산, 심어 기름
- 20~50m
- 어긋나기, 선형
- 4~5월, 노란색 또는 녹색
- 10~11월, 구형

굴피나무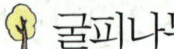
가래나무과 | *Platycarya strobilacea* | 갈잎작은키나무

굴피나무

꽃

잎

8월 열매

나무껍질은 회갈색이고 세로로 갈라진다. 잔가지의 골 속이 차 있다. 작은잎은 피침형이고 7~19개가 난다. 수꽃이삭은 꼬리 모양이고 그 가운데에 타원형의 암꽃이삭이 자리한다. 열매가 벌어지면 갈색 씨가 나온다.

- 중부 이남의 양지바른 산
- 5~12m
- 어긋나기, 깃꼴겹잎
- 5~6월, 황록색
- 9~10월, 타원형, 갈색

가래나무과 | *Juglans mandshyrica* | 갈잎큰키나무

가래나무

미동산수목원의 가래나무

꽃

잎

7월 열매

나무껍질은 회색 또는 회갈색이고 세로로 얕게 갈라진다. 작은잎은 긴 타원형이고 7~19개가 난다. 암수한그루로, 가지 끝에 붉은색의 암꽃이삭이 달리고 그 아래에 수꽃이삭이 꼬리 모양으로 달린다. 열매는 갈라지지 않는다.

- 중부 이북의 산
- 5~12m
- 어긋나기, 깃꼴겹잎
- 4~5월, 붉은색, 녹색
- 9월, 난형, 녹색

갯버들

버드나무과 | *Salix gracilistyla* | 갈잎떨기나무

갯버들의 수꽃

암꽃

잎

4월 열매

나무껍질은 회녹색이고 밑에서부터 많은 가지가 갈라져 나온다. 잎은 어긋나고 가장자리에 잔톱니가 있는 점이 특징이다. 뒷면은 흰빛을 띤다. 암수딴그루로, 꽃은 잎보다 먼저 핀다. 털 달린 열매를 '버들강아지'라고 한다.

- 개울가 근처
- 2~3m
- 어긋나기, 거꾸로 된 피침형
- 4월, 붉은색, 회녹색
- 4~5월, 긴 원통형

버드나무과 | *Salix koriyanagi* | 갈잎떨기나무 # 키버들

키버들의 수꽃

암꽃

잎

9월 열매

나무껍질은 황갈색이다. 잎은 좁은 피침형 또는 선형으로 가장자리에 뚜렷하지 않은 톱니가 있다. 암수딴그루다. 이다. 뒷면은 흰빛을 띤다. 암수딴그루로, 꽃은 잎보다 먼저 핀다. 가지고 고리짝이나 키 같은 것을 만들어 썼다.

- 산과 들의 물가
- 2~3m
- 어긋나기, 마주나기
- 3~4월, 붉은색
- 5월, 긴 원통형

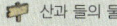

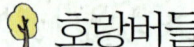
호랑버들

버드나무과 | *Salix caprea* | 갈잎작은키나무

호랑버들의 수꽃

암꽃

잎 뒷면

5월 열매

나무껍질은 회갈색이고 가지가 많이 갈라진다. 잎 뒷면에 흰 털이 계속 남아 있고 가장자리는 밋밋하거나 약간의 톱니가 있다. 암수딴그루로, 잎보다 먼저 꽃이 핀다. 꽃눈이 부푸는 것을 호랑이 눈에 비유한 이름이다.

- 산지
- 3~6m
- 어긋나기, 넓은 타원형
- 4월, 노란색
- 5월, 긴 원통형

버드나무과 | *Salix chaenomeloides* | 갈잎큰키나무

왕버들

경기도 오산시의 왕버들

수꽃

잎 뒷면

6월 열매

나무껍질은 회갈색이고 깊게 갈라진다. 어린 가지는 연한 녹색이고 잔털이 있다. 잎 뒷면은 흰빛을 띤다. 암수딴그루로, 잎과 함께 꽃이 핀다. 줄기가 굵고 수형이 웅장해서 그늘을 잘 드리우므로 마을 주변에 심어 기른다.

- 습지나 냇가 근처
- 10~20m
- 어긋나기, 타원형
- 4월, 노란색
- 5~6월, 긴 원통형

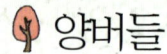
양버들

버드나무과 | *Populus nigra* var. *italica* | 갈잎큰키나무

서울시 선유도공원의 양버들

잎

수꽃

5월 열매

나무껍질은 흑갈색이고 세로로 갈라진다. 전체적으로 빗자루 모양의 수형이 된다. 잎은 삼각상인데 가로와 세로의 길이가 같거나 가로의 길이가 길다. 암수딴그루로, 잎보다 먼저 꽃이 핀다. 열매에서 털 달린 씨가 나온다.

- 유럽 원산, 심어 기름
- 20~30m
- 어긋나기, 넓은 난형
- 4월, 붉은색, 노란색
- 5~6월, 긴 원통형

| 1 | 2 | 3 | 4 | 5 | 6 | 7 | 8 | 9 | 10 | 11 | 12 |

버드나무과 | *Corylus heterophylla* | 갈잎떨기나무

난티잎개암나무

난티잎개암나무

꽃

끝이 편평한 잎과 7월 열매

끝이 뾰족한 잎과 6월 열매

나무껍질은 회갈색이다. 어린잎에 흔히 자주색 무늬가 나타나며, 잎 가장자리에 톱니가 있다. 암수한그루로, 수꽃이삭은 길게 늘어진다. 열매는 담백한 맛이 난다. '개암나무'의 기본종이 난티잎개암나무이며 같은 것으로 본다.

- 산지
- 3~4m
- 어긋나기, 넓은 난형
- 3~4월, 노란색
- 9월, 구형

상수리나무

참나무과 | *Quercus acutissima* | 갈잎큰키나무

홍릉수목원의 상수리나무

꽃

10월 열매

굴참나무의 잎 뒷면

나무껍질은 회갈색이고 불규칙하게 세로로 갈라진다. 잎 가장자리에 예리한 톱니가 있다. 암수한그루이다. 깍정이는 열매의 1/2~2/3까지 덮는다. '굴참나무(*Q. variabilis*)'는 잎 뒷면이 회백색이고 나무껍질에 코르크가 발달한다.

- 양지바른 산기슭
- 20~25m
- 어긋나기, 타원상의 피침형
- 4~5월, 노란색
- 다음해 10월, 구형

떡갈나무의 잎

떡갈나무의 9월 열매

신갈나무의 잎

신갈나무의 8월 열매

잎이 거꾸로 된 넓은 난형인 '떡갈나무(*Q. dentata*)'는 잎자루가 거의 없으며 잎 가장자리가 구불거리고 뒷면에 갈색의 털이 많다. 비늘 모양의 포로 된 깍정이는 열매를 1/2 정도 감싸며 뒤로 심하게 젖혀진다.

'신갈나무(*Q. mongolica*)'는 잎 가장자리가 구불거리고 잎자루가 거의 없는 점이 떡갈나무와 비슷하나 잎 뒷면에 갈색 털이 없는 점이 다르다. 열매는 납작한 편이고 기왓장을 포갠 듯한 총포조각으로 된 깍정이는 열매의 1/3 정도까지 덮는다.

갈참나무

갈참나무의 8월 열매

졸참나무

졸참나무의 9월 열매

갈참나무(*Q. aliena*)는 신갈나무와 달리 1~3cm 정도의 잎자루가 있고 잎 가장자리가 구불거리지 않으며 잎 뒷면이 회백색을 띠는 점이 특징이다. 열매는 구형이고 기왓장처럼 포개진 총포조각으로 된 깍정이는 열매의 1/3 정도까지 덮는다. '졸참나무(*Q. serrata*)'는 잎자루가 있는 점은 갈참나무와 같으나 잎 가장자리의 톱니가 안으로 굽는 점이 특징이다. 열매는 길쭉한 타원형이고 기왓장처럼 포개진 총포조각으로 된 깍정이는 열매의 밑부분만 덮는다.

느릅나무과 | *Ulmus davidiana* var. *japonica* | 갈잎큰키나무 # 느릅나무

강원도 소백산의 느릅나무

꽃

잎

5월 열매

나무껍질은 회색 또는 흑회색이고 세로로 불규칙하게 갈라진다. 코르크질이 발달하기도 한다. 잎은 뾰족하고 가장자리에 겹톱니가 있다. 꽃은 잎보다 먼저 핀다. 열매는 납작하고 털이 없으며 둘레에 날개가 있다.

- 산이나 하천 근처
- 20~30m
- 어긋나기, 거꾸로 된 난형
- 3~4월, 황록색, 취산화서
- 5~6월, 납작한 타원형

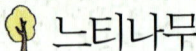
느티나무

느릅나무과 | *Zelkova serrata* | 갈잎큰키나무

경남 통도사의 느티나무

꽃

잎

9월 열매

나무껍질은 회백색이고 껍질눈이 옆으로 길게 발달한다. 잎은 끝이 길게 뾰족하고 가장자리에 톱니가 있다. 암수한그루로, 수꽃은 새 가지의 아래쪽에 달리고 암꽃은 위쪽에 1~3개가 달린다. 열매는 비대칭이고 단단하다.

- 산기슭과 들
- 20~25m
- 어긋나기, 난상 타원형
- 4~5월, 황록색
- 10월, 모가 진 구형

| 1 | 2 | 3 | 4 | 5 | 6 | 7 | 8 | 9 | 10 | 11 | 12 |

느릅나무과 | *Celtis sinensis* | 갈잎큰키나무

팽나무

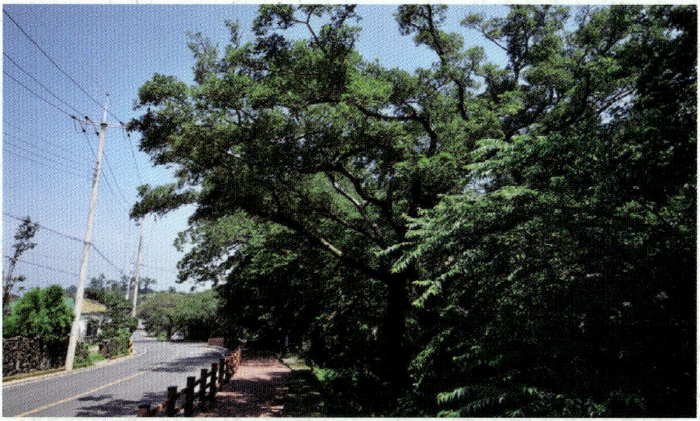

제주도 한림읍의 팽나무

꽃

잎

9월 열매

나무껍질은 회색 또는 흑회색이고 껍질눈이 있으나 벗겨지지는 않는다. 어린 가지에 잔털이 많다. 잎은 위쪽에만 잔톱니가 있고 측맥은 3~4쌍이다. 꽃은 잎겨드랑이에 잡성화로 핀다. 열매는 단맛이 나고 먹을 수 있다.

- 산기슭이나 계곡
- 15~20m
- 어긋나기, 난형, 타원형
- 4~5월, 황록색, 취산화서
- 10월, 구형, 등황색

산뽕나무

뽕나무과 | *Morus bombycis* | 갈잎큰키나무

강원도 영월의 산뽕나무

잎과 암꽃

6월 열매

뽕나무의 6월 열매

나무껍질은 회갈색이고 세로로 불규칙하게 갈라진다. 잎 끝이 길게 뾰족하다. 암수딴그루이나 암수한그루도 있다. 열매에 암술대가 남는다. '뽕나무(*M. alba*)'는 잎 끝이 짧게 뾰족하고 열매가 익으면서 암술대가 사라진다.

- 산지
- 7~12m
- 어긋나기, 넓은 난형
- 5월, 황록색
- 6월, 타원형, 검은색

뽕나무과 | *Cudrania tricuspidata* | 갈잎작은키나무 # 꾸지뽕나무

전남 완도의 꾸지뽕나무

수꽃

잎

9월 열매

나무껍질은 갈색이고 세로로 얕게 갈라진다. 잔가지가 변한 가시가 있고 잎은 3개로 갈라지기도 한다. 암수딴그루로, 수꽃은 수술이 4개이고 암꽃은 암술대가 2개로 갈라진다. 열매는 단맛이 난다. 잎을 자르면 흰 액이 나온다.

 중부 이남의 산지
 3~5m
 어긋나기, 난형
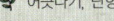 5~6월, 황록색
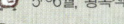 9월, 구형, 붉은색

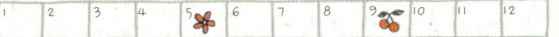

닥나무

뽕나무과 | *Broussonetia kazinoki* | 갈잎떨기나무

물향기수목원의 닥나무

꽃

잎

6월 열매

나무껍질은 회갈색이고 타원형의 껍질눈이 있다. 잎은 2~3개로 갈라지기도 하며 가장자리에 톱니가 있다. 암수한그루로, 꽃은 둥글게 달린다. 열매는 단맛이 난다. 줄기를 꺾으면 "딱" 하는 소리가 나기 때문에 붙은 이름이다.

- 산이나 밭둑
- 2~3m
- 어긋나기, 난형
- 4~5월, 담황색, 담홍색
- 6월, 구형, 붉은색

겨우살이과 | *Viscum album* var. *coloratum* | 늘푸른떨기나무 **겨우살이**

전북 내장산의 겨우살이

꽃   12월 열매   붉은겨우살이의 열매

스스로도 광합성을 하는 반기생식물이다. 잎은 두껍다. 가지 끝의 잎 사이에 꽃자루 없는 꽃이 핀다. 열매는 단맛이 난다. 붉은 열매가 달리는 '붉은겨우살이(for. *rubroauranticum*)'는 남부지방 및 강원도에서 발견된다.

- 주로 참나무에 기생
- 50~80cm
- 2장씩 마주나기, 타원형
- 3~4월, 연한 노란색
- 10~12월, 구형, 연한 노란색

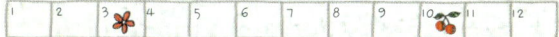

237

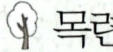
목련

목련과 | *Magnolia kobus* | 갈잎큰키나무

천리포수목원의 목련

잎

9월 열매

백목련

나무껍질은 회백색이고 밋밋하며 껍질눈이 있다. 잎은 끝이 뾰족하다. 꽃의 꽃잎은 6~9개이고 향기가 좋다. 열매는 익으면 칸칸이 벌어진다. '백목련(*M. denudata*)'은 꽃받침조각이 꽃잎처럼 보여 구분되지 않고 넓은 난형이다.

- 제주도와 추자군도
- 8~10m
- 어긋나기, 거꾸로 된 난형
- 3~4월, 흰색
- 9~10월, 닭볏 모양, 붉은색

별목련　　　　　　　　　　일본목련

자주목련　　　　　　　　　자목련

중국 원산의 '별목련(*M. stellata*)'은 꽃잎과 꽃받침조각을 합한 수가 12~18개로 목련보다 많아 별 모양처럼 보인다. 일본 원산의 '일본목련(*M. dbovata*)'은 잎이 매우 크고 뒷면이 흰빛을 띠며 잎이 나온 후에 꽃이 핀다. 전체적으로 대형이다. '자목련(*M. liliiflora*)'은 꽃잎의 안쪽과 바깥쪽이 모두 암자색이다. '자주목련(*M. denudata* var. *purpurascens*)'은 꽃잎의 안쪽은 흰색이고 바깥쪽이 홍자색이다.

함박꽃나무

목련과 | *Magnolia sieboldii* | 갈잎작은키나무

강원도 광덕산의 함박꽃나무

꽃

잎

9월 열매

나무껍질은 회백색이고 껍질눈이 있다. 잎은 가장자리가 밋밋하고 뒷면은 흰빛을 띤다. 꽃은 잎이 나온 후에 가지 끝마다 고개를 숙인 채 1개씩 핀다. 수술대와 꽃밥은 붉은색이고, 좋은 향기가 난다. '산목련' 이라고도 한다.

- 산지의 중턱이나 산골짜기
- 7~10m
- 어긋나기, 거꾸로 된 난형
- 5~6월, 흰색
- 9월, 닭볏 모양, 붉은색

목련과 | *Liriodendron tulipifera* | 갈잎큰키나무 튤립나무

물향기수목원의 튤립나무

꽃

잎

1월 열매

나무껍질은 회갈색이고 세로로 불규칙하게 갈라진다. 잎 뒷면은 흰빛을 띤다. 꽃은 가지 끝에 튤립 모양으로 핀다. 꽃받침조각은 3개, 꽃잎은 6개이고 꽃잎 안쪽에 주황색 무늬가 있다. 열매가 익으면 날개 달린 씨가 날아간다.

- 북미 원산, 심어 기름
- 15~20m
- 어긋나기, 손바닥 모양
- 5~6월, 황녹색
- 9~10월, 타원형, 갈색

241

오미자덩굴

목련과 | *Schisandra chinensis* | 갈잎덩굴나무

강원도 소백산의 오미자덩굴

암꽃

잎 뒷면

9월 열매

나무껍질은 갈색이고 벗겨지며 껍질눈이 있다. 잎은 가장자리에 잔톱니가 있고 뒷면 맥 위에 털이 있다. 암수딴그루로, 수꽃은 5개의 수술이 있고 암꽃은 여러 개의 암술이 있다. 열매는 작은 포도송이처럼 달린다.

- 깊은 산
- 7~8m
- 어긋나기, 넓은 타원형
- 5~7월, 붉은빛 도는 흰색
- 8~9월, 원통형, 붉은색

녹나무과 | *Lindera erythrocarpa* | 갈잎큰키나무

비목나무

전북 내장산의 비목나무

수꽃

잎

10월 열매

나무껍질은 갈색이고 오래될수록 조각조각 갈라지면서 벗겨진다. 잎은 앞면에 광택이 있고 뒷면에 갈색 털이 있다가 점차 떨어진다. 암수딴그루로, 수꽃은 9개의 수술이 있고 암꽃은 1개의 암술이 있다. 잎을 자르면 향기가 난다.

- 황해도 이남의 산지
- 6~10m
- 어긋나기, 거꾸로 된 피침형
- 4~5월, 노란색, 산형화서
- 9~10월, 구형, 붉은색

243

생강나무

녹나무과 | *Lindera obtusiloba* | 갈잎떨기나무

경기도 천마산의 생강나무

암꽃

잎

10월 열매

나무껍질은 회색이고 껍질눈이 있으며 버짐 같은 흰색 무늬가 나타난다. 잎은 끝이 3~5개로 얕게 갈라진다. 암수딴그루로, 수술은 9개이고 암술은 1개이다. 열매에서 기름을 짜서 쓴다. 전체에서 알싸한 생강 향기가 난다.

- 산지의 숲 속
- 2~4m
- 어긋나기, 넓은 난형
- 3~4월, 노란색, 산형화서
- 9~10월, 구형, 검은색

녹나무과 | *Lindera glauca* | 갈잎작은키나무 # 감태나무

감태나무의 겨울 수형

꽃

잎

12월 열매

나무껍질은 회백색이고 껍질눈이 있다. 잎은 뻣뻣한 편이고 자르면 향기가 나며 뒷면의 잎맥을 따라 털이 있다가 점차 떨어진다. 겨울에도 마른 잎이 그대로 달려 있다. 꽃은 잎과 함께 핀다. '백동백(白冬柏)'이라고도 한다.

- 산지의 숲 속
- 3~7m
- 어긋나기, 긴 타원형
- 4월, 연한 노란색, 산형화서
- 9~11월, 구형, 검은색

할미밀망

미나리아재비과 | *Clematis trichotoma* | 갈잎덩굴나무

강원도 영월군의 할미밀망

꽃   잎   9월 열매

줄기는 갈색이고 세로로 갈라진다. 작은잎은 난형이고 3~5개로 갈라지며 3~5개가 달린다. 꽃은 잎겨드랑이에서 나온 꽃대에 3개씩 모여 핀다. 꽃받침조각은 5개이다. 열매에는 깃털 모양의 암술대가 남으며 사위질빵보다 크다.

- 산기슭의
- 3~5m
- 마주나기, 3출엽~깃꼴겹잎
- 5~6월, 흰색, 취산화서
- 8월, 난형

246

미나리아재비과 | *Clematis patens* | 갈잎덩굴나무

큰꽃으아리

경기도 구리시의 큰꽃으아리

꽃 　　　　　　　꽃봉오리 　　　　　　12월 열매

줄기는 가늘고 갈색 또는 흑자색이며 잔털이 있다. 작은잎은 3~5개이고 난형이며 끝이 뾰족하고 가장자리는 밋밋하다. 꽃은 가지 끝에 지름 10~15cm로 핀다. 꽃잎처럼 보이는 꽃받침조각이 8개이다. 열매에 암술대가 남는다.

- 산기슭
- 2~4m
- 마주나기, 3출엽~깃꼴겹잎
- 5월, 흰색, 황백색
- 9월, 난형

매자나무

매자나무과 | *Berberis koreana* | 갈잎떨기나무

홍릉수목원의 매자나무

잎

6월 열매

매발톱나무

나무껍질은 갈색 또는 회갈색이고 가지가 많이 갈라진다. 잔가지는 붉은색을 띠며 가시가 달린다. 잎은 3~5개가 모여나고 가장자리에 고르지 않은 톱니가 있다. 꽃은 잎겨드랑이에서 늘어져 달린다. 열매는 구형으로 달린다.

- 경기 이북의 산기슭
- 1~2m
- 모여나기, 난형, 타원형
- 4월, 노란색, 총상화서
- 8~9월, 구형, 붉은색

매발톱나무의 잎

매발톱나무의 9월 열매

왕매발톱나무

섬매발톱나무

 '매발톱나무(B. amurensis)'는 매자나무와 달리 잎 가장자리의 톱니가 바늘 모양으로 날카로우며 열매가 긴 타원형이다. 울릉도와 금강산 이북에서 자라는 '왕매발톱나무(var. latifolia)'는 잎이 원형에 가까운 넓은 난형이며 매발톱나무처럼 긴 타원형 열매가 달린다. 제주도 한라산의 해발 1,000m 이상의 지대에서 자라는 '섬매발톱나무(var. quelpaertensis)'는 잎과 열매가 작으며 잎 가장자리에 가시 모양의 톱니가 있다.

으름덩굴

으름덩굴과 | *Akebia quinata* | 갈잎덩굴나무

경기도 오산시의 으름덩굴

꽃 　　　　　　　　잎 　　　　　　　　9월 열매

나무껍질은 회갈색이고 껍질눈이 있다. 잎은 작은잎 5개로 된 손꼴겹잎이다. 암수한그루로, 수꽃은 작게 여러 개가 달리고 암꽃은 꽃잎 대신 꽃받침조각 3개가 달린다. 열매는 익으면 벌어지고 단맛이 나며 검은색 씨가 많다.

- 황해도 이남의 낮은 산지
- 5~6m
- 어긋나기, 모여나기
- 4~5월, 노란색 또는 자주색
- 9~10월, 난형, 갈색

방기과 | *Menispermum dauricum* | 갈잎덩굴나무

새모래덩굴

국립수목원의 새모래덩굴

잎과 수꽃

암꽃

9월 열매

풀처럼 보이지만 나무이다. 줄기는 적갈색이고 털이 없다. 잎은 가장자리가 방패 모양으로 3~9개로 갈라지기도 하는 등 변이가 심하고 잎자루는 뒷면에 붙는다. 암수딴그루로, 꽃은 잎겨드랑이에서 나온 꽃차례에 달린다.

- 산기슭
- 1~3m
- 어긋나기, 둥근 심장형
- 5~6월, 연한 노란색, 황백색
- 9~10월, 구형, 검은색

등칡

 쥐방울덩굴과 | *Aristolochia manshuriensis* | 갈잎덩굴나무

경기도 화약산의 등칡

갈색 꽃

흑자색 꽃

10월 열매

나무껍질은 옅은 회갈색이고 세로로 불규칙하게 파인다. 잎은 끝이 뾰족하고 가장자리는 밋밋하다. 꽃은 잎겨드랑이에서 U자 모양으로 피고 끝부분이 3개로 갈라진다. 열매는 6개로 갈라지면서 심장형의 씨를 쏟아낸다.

- 경상도 이북의 깊은 산
- 8~10m
- 어긋나기, 심장형
- 5월, 노란색
- 9~11월, 6각의 원통형

다래나무과 | *Actinidia arguta* | 갈잎덩굴나무

다래나무

다래나무의 수꽃

암꽃

잎

8월 열매

나무껍질은 적갈색이고 너덜너덜하게 벗겨진다. 가지 속의 수는 흰색 또는 갈색이고 계단 모양이다. 잎은 끝이 뾰족하고 가장자리에 잔톱니가 있다. 암수딴그루로, 꽃밥은 흑자색이다. 열매는 물컹하게 익고 단맛이 난다.

- 산지
- 7~10m
- 어긋나기, 넓은 난형
- 5~6월, 흰색, 취산화서
- 9~10월, 난상 구형, 황록색

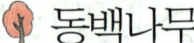
동백나무
차나무과 | *Camellia japonica* | 늘푸른작은키나무

동백나무

잎

9월 열매

벌어진 열매

나무껍질은 회갈색이고 매끈한 편이다. 잎은 질이 두껍고 앞면은 광택이 있으며 양면에 털이 없다. 꽃은 가지 끝이나 잎겨드랑이에서 1개씩 핀다. 꽃잎은 5~7개이고 꽃자루 없이 가지에 붙어 달린다. 열매는 익으면 벌어진다.

- 남부지방의 산과 들
- 5~7m
- 어긋나기, 긴 타원형
- 1~4월, 붉은색
- 9~10월, 구형, 붉은색

조록나무과 | *Corylopsis gotoana* var. *coreana* | 갈잎떨기나무 # 히어리

히어리의 단풍

꽃

잎

9월 열매

나무껍질은 연한 갈색이고 가지가 많이 갈라진다. 잎 양면과 잎자루에 털이 없고 잎 가장자리에 톱니가 있다. 꽃은 8~12개 정도가 늘어져 달린다. 꽃대축에 털이 없다. 열매에도 털이 없다. '송광납판화'라고도 한다.

- 지리산, 조계산, 경기 백운산
- 2~3m
- 어긋나기, 둥근 난형
- 3~4월, 노란색, 총상화서
- 9~10월, 구형, 갈색

고광나무

범의귀과 | *Philadelphus schrenckii* | 갈잎떨기나무

경기도 용인시의 고광나무

꽃

잎

7월 열매

나무껍질은 회백색이고 어린가지는 갈색 또는 녹색이다. 잎은 가장자리에 톱니가 있고 뒷면 맥 위에 잔털이 있다. 꽃차례와 꽃자루와 꽃받침통에 털이 있다. 암술대는 아래쪽에 털이 있고 끝이 4개로 갈라진다.

- 산기슭이나 산골짜기
- 2~4m
- 마주나기, 난상 타원형
- 5~6월, 흰색, 총상화서
- 9~10월, 타원형

범의귀과 | *Deutzia uniflora* | 갈잎떨기나무 # 매화말발도리

매화말발도리

잎

7월 열매

바위말발도리

나무껍질은 회색이고 불규칙하게 벗겨진다. 잎은 끝이 뾰족하고 가장자리에 잔톱니가 있다. 꽃은 지난해의 가지에 1~3개씩 모여 달린다. 꽃이 새 가지에 달리는 것은 '바위말발도리(*D. grandiflora* var. *baroniana*)'라고 한다.

- 산기슭의 바위틈
- 1m
- 마주나기, 긴 타원형
- 5~6월, 흰색
- 9월, 종 모양

까마귀밥나무

범의귀과 | *Ribes fasciculatum* var. *chinense* | 갈잎떨기나무

까마귀밥나무

잎과 수꽃

암꽃

9월 열매

나무껍질은 자갈색 또는 회갈색이다. 잎은 3~5갈래로 갈라지고 양면에 털이 있다. 암수딴그루로, 꽃부리의 끝이 5~6개로 갈라져 뒤로 젖혀진다. 열매는 쓴맛이 강해서 먹을 수 없다. '까마귀밥여름나무' 라고도 한다.

- 산지
- 1~1.5m
- 어긋나기, 넓은 난형
- 4~5월, 노란색
- 9~10월, 구형, 붉은색

돈나무과 | *Pittosporum tobira* | 늘푸른떨기나무 # 돈나무

제주도 서귀포시의 돈나무

꽃　　　　　　　　　잎　　　　　　　　10월 열매

나무껍질은 연한 갈색이고 둥근 껍질눈이 있다. 잎은 어긋나지만 가지 끝에서는 모여난다. 꽃은 흰색에서 노란색으로 변하고 향기가 있다. 열매는 익으면 3조각으로 갈라지면서 붉고 끈적끈적한 씨를 드러낸다. 약간 단맛이 난다.

- 남부지방의 바닷가
- 2~3m
- 어긋나기, 모여나기
- 5~6월, 흰색, 취산화서
- 11~12월, 구형

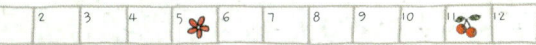

259

국수나무

장미과 | *Stephanandra incisa* | 갈잎떨기나무

경기도 천마산의 국수나무

꽃

잎

10월 열매

나무껍질은 회갈색이다. 잎은 끝이 뾰족하고 가장자리에 결각처럼 큰 톱니가 있으며 잎자루에 털이 있다. 꽃은 새 가지 끝에 모여 핀다. 꽃잎과 꽃받침조각은 각각 5개이고 수술은 10개이며 암술은 1개이다.

- 산기슭
- 1~2m
- 어긋나기, 세모진 난형
- 5월, 흰색, 원추화서
- 9~10월, 구형

장미과 | *Spiraea prunifolia* for. *simpliciflora* | 갈잎떨기나무 조팝나무

한국자생식물원의 조팝나무

꽃

잎

5월 열매

나무껍질은 회갈색이고 껍질눈이 있다. 잎은 끝이 뾰족하고 가장자리에 톱니가 있으며 양면에 털이 없다. 꽃은 가지에 촘촘히 붙어 핀다. 꽃잎은 5개이고 수술은 암술보다 길게 나온다. 흔히 '싸리나무'라고도 부른다.

- 산기슭이나 들
- 1~2m
- 어긋나기, 난상 타원형
- 4~5월, 흰색, 산형화서
- 5~6월, 별 모양

병아리꽃나무

장미과 | *Rhodotypos scandens* | 갈잎떨기나무

국립수목원의 병아리꽃나무

꽃

잎

9월 열매

나무껍질은 회색이고 껍질눈이 있으며 가지가 많이 갈라진다. 어린가지는 녹색 또는 황록색이다. 잎은 끝이 뾰족하고 가장자리에 겹톱니가 있다. 꽃은 새 가지 끝에 1개씩 달리고 꽃잎은 4개이다. 열매는 광택이 있다.

- 황해도 이남의 산지
- 1~2m
- 마주나기, 난형, 긴 난형
- 4~5월, 흰색
- 8~9월, 난형, 검은색

장미과 | *Kerria japonica* | 갈잎떨기나무 # 황매화

황매화

잎

11월 열매

죽단화

나무껍질은 녹색이고 매끈하다. 잎은 끝이 길게 뾰족하고 가장자리에 굵고 깊은 톱니가 있다. 꽃은 곁가지 끝과 잎겨드랑이에서 잎과 함께 핀다. 겹꽃으로 피는 것은 '죽단화(for. *pleniflora*)' 또는 '겹황매화'라고 한다.

- 중부 이남
- 1~2m
- 어긋나기, 긴 난형
- 4~5월, 노란색
- 9~11월, 난형

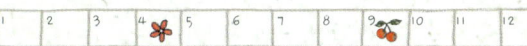

263

복분자딸기

장미과 | *Rubus coreanus* | 갈잎떨기나무

복분자딸기

잎 뒷면

나무껍질

8월 열매

나무껍질은 검붉은 색이고 가시가 있으며 흰 가루로 덮여 있다. 작은잎은 마름모처럼 생긴 난형이고 3~7개가 달린다. 꽃은 가지 끝이나 잎겨드랑이에 핀다. 열매의 맛이 좋다. 재배하는 것은 열매의 모양이 다르다.

- 산기슭
- 2~3m
- 어긋나기, 깃꼴겹잎
- 5~6월, 분홍색, 산방화서
- 7~8월, 구형, 검은색

장미과 | *Robus crataegifolius* | 갈잎떨기나무 # 산딸기

산딸기

꽃

잎

6월 열매

나무껍질은 붉은빛이 돌고 가시가 많다. 어린 가지는 녹색이고 털이 있다. 잎은 3~5개로 갈라지고 모양에 다양한 변이가 있다. 잎자루의 뒤쪽에 가시가 달린다. 꽃은 가지 끝에 달리고 꽃잎은 5개이다. 열매는 단맛이 난다.

- 산과 들
- 1~2m
- 어긋나기, 넓은 난형
- 5~6월, 흰색, 산방화서
- 6~8월, 구형, 붉은색

줄딸기

장미과 | *Robus oldhamii* | 갈잎덩굴나무

줄딸기

홍자색 꽃

잎

6월 열매

나무껍질은 적갈색이고 흰 가루가 덮여 있으며 가시가 있다. 작은잎은 난형이고 5~9개가 달린다. 꽃은 잎겨드랑이에서 나오는 꽃자루에 끝에 달리고 꽃의 색은 흰색부터 홍자색까지 나타난다. '덩굴딸기' 라고도 한다.

- 산과 들
- 2~3m
- 어긋나기, 깃꼴겹잎
- 4~5월, 흰색~홍자색
- 6~7월, 구형, 붉은색

장미과 | *Robus parvifolius* | 갈잎떨기나무

멍석딸기

멍석딸기

꽃

꽃과 잎

7월 열매

나무껍질은 적갈색이고 가시가 있으며 줄기가 옆으로 벋으며 자란다. 작은잎은 가장자리에 톱니가 있고 뒷면에 흰빛이 돈다. 꽃은 줄기 끝에 모여 피고 꽃잎과 꽃받침조각은 각각 5개이다. 열매는 겉에 잔털이 있고 단맛이 난다.

- 산기슭이나 들
- 0.5~1m
- 어긋나기, 3출엽
- 5~6월, 분홍색, 총상화서
- 7~8월, 구형, 붉은색

찔레나무

장미과 | *Rosa multiflora* | 갈잎떨기나무

울릉도 내수전의 찔레나무

꽃　　　　　　　　잎　　　　　　　　11월 열매

나무껍질은 흑갈색이고 가시가 있으며 큰 나무는 갈라지면서 벗겨지기도 한다. 작은잎은 거꾸로 된 난형이며 5~9개가 달린다. 턱잎에 빗살 같은 톱니가 있다. 꽃은 연한 분홍색으로 피기도 하며 좋은 향기가 난다.

- 산과 들
- 2~3m
- 어긋나기, 깃꼴겹잎
- 5월, 흰색, 원추화서
- 9~11월, 구형, 붉은색

장미과 | *Rosa rugosa* | 갈잎떨기나무

해당화

충남 안면도의 해당화

꽃

잎

10월 열매

나무껍질은 회백색이고 줄기에 가시와 털이 많다. 작은잎은 타원형이고 5~9개가 달린다. 턱잎에는 잔톱니가 있다. 꽃은 가지 끝에 달리며 꽃받침조각과 꽃잎은 각각 5개이다. 열매는 표면에 털이 있고 단맛이 난다.

- 바닷가의 모래땅과 산기슭
- 1~2m
- 어긋나기, 깃꼴겹잎
- 5~7월, 홍자색
- 8~10월, 구형, 붉은색

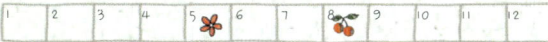

귀룽나무

장미과 | *Prunus padus* | 갈잎큰키나무

귀룽나무

꽃

잎 뒷면

7월 열매

나무껍질은 흑갈색이고 노목은 세로로 얇게 갈라지기도 한다. 잎은 끝이 뾰족하고 가장자리에 잔톱니가 있다. 꽃은 새 가지 끝에 달린다. 작은꽃자루는 5~12mm이다. 열매는 쓴맛이 강하나 익으면 약간 단맛이 나기도 한다.

- 산골짜기나 산기슭
- 10~15m
- 어긋나기, 거꾸로 된 난형
- 4~5월, 흰색, 총상화서
- 7~8월, 구형, 검은색

장미과 | *Prunus sargentii* | 갈잎큰키나무

산벚나무

강원도 소백산의 산벚나무

꽃

잎

6월 열매

나무껍질은 짙은 자갈색이고 굵고 뚜렷한 껍질눈이 있다. 잎은 끝이 길게 뾰족하고 가장자리의 일부가 겹톱니. 잎자루는 적자색이고 위쪽에 1쌍의 꿀샘이 있다. 꽃은 2~3개가 모여 핀다. 열매는 약간 아린 맛이 난다.

- 산지
- 10~20m
- 어긋나기, 거꾸로 된 난형
- 4~5월, 흰색
- 5~6월, 구형, 검은색

산사나무

장미과 | *Crataegus pinnatifida* | 갈잎작은키나무

홍릉수목원의 산사나무

꽃

잎

9월 열매

나무껍질은 회갈색이고 불규칙하게 갈라지며 잔가지가 변한 가시가 있다. 잎은 가장자리가 깊게 갈라지고 톱니가 있다. 꽃은 가지 끝에 달리고 꽃잎과 꽃받침조각이 각각 5개이다. 열매에는 꽃받침자국과 흰색 반점이 있다.

- 산지
- 6~8m
- 어긋나기, 삼각상의 난형
- 5월, 흰색, 산방화서
- 9~10월, 구형, 붉은색

장미과 | *Prunus sibirica* | 갈잎작은키나무

시베리아살구

시베리아살구

꽃

잎

5월 열매

나무껍질은 흑회색이다. 잎은 끝이 길게 뾰족하고 밑부분이 원형이며 가장자리에 잔톱니가 있고 뒷면 맥 위에 털이 있다. 꽃은 지난해의 가지에 잎보다 먼저 핀다. 열매는 납작하고 길이는 3cm이며 떫어서 먹기 어렵다.

- 충북 이북의 산지
- 3~4m
- 어긋나기, 난상 원형
- 4~5월, 붉은빛이 도는 흰색
- 7월, 납작한 난형, 적황색

야광나무

장미과 | *Malus baccata* | 갈잎작은키나무

국립수목원의 야광나무

꽃

잎

9월 열매

나무껍질은 회갈색이고 세로로 불규칙하게 조각조각 갈라진다. 잎은 끝이 뾰족하고 가장자리에 잔톱니가 있다. 꽃은 가지 위쪽 잎겨드랑이에 2~5개가 핀다. 열매는 끝에 꽃받침자국이 남아 있으며 떫은맛이 난다.

- 중부 이북의 산지나 골짜기
- 4~6m
- 어긋나기, 난형 또는 타원형
- 5월, 흰색
- 9~10월, 구형, 붉은색

장미과 | *Malus sieboldii* | 갈잎작은키나무 # 아그배나무

물향기수목원의 아그배나무

꽃

두 가지 모양의 잎

10월 열매

나무껍질은 회갈색이고 세로로 불규칙하게 갈라지며 벗겨진다. 잎은 끝이 뾰족하고 가장자리에 날카로운 톱니가 있다. 긴 가지에서 나온 잎은 3~5개로 갈라지기도 한다. 꽃은 가지 끝에 4~5개씩 모여 핀다. 열매는 시고 떫다.

- 황해도 이남의 산지
- 6~10m
- 어긋나기, 난형 또는 타원형
- 5월, 흰색, 산형화서
- 9~10월, 구형, 붉은색

콩배나무

장미과 | *Pyrus calleryana* var. *fauriei* | 갈잎작은키나무

한국도로공사수목원의 콩배나무

꽃

잎

9월 열매

나무껍질은 갈색 또는 자갈색을 띠고 껍질눈이 발달하며 잔가지는 흔히 가시로 변한다. 잎은 끝이 길게 뾰족하고 가장자리에 무딘 잔톱니가 있다. 꽃은 짧은 가지 끝에 5~9개가 핀다. 열매는 작고 떫은맛이 난다.

- 강원 이남의 산지
- 2~3m
- 어긋나기, 넓은 난형
- 4~5월, 흰색, 산방화서
- 9~10월, 구형, 검은색

장미과 | *Pyrus pyrifolia* | 갈잎작은키나무 # 돌배나무

돌배나무

잎

9월 열매

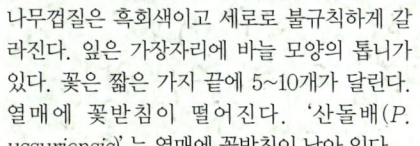
산돌배나무의 꽃

나무껍질은 흑회색이고 세로로 불규칙하게 갈라진다. 잎은 가장자리에 바늘 모양의 톱니가 있다. 꽃은 짧은 가지 끝에 5~10개가 달린다. 열매에 꽃받침이 떨어진다. '산돌배(*P. ussuriensis*)'는 열매에 꽃받침이 남아 있다.

- 중부 이남의 산지
- 5~8m
- 어긋나기, 넓은 난형
- 4~5월, 흰색, 산방화서
- 9~10월, 구형, 황적색

윤노리나무

장미과 | *Pourthiaea villosa* | 갈잎떨기나무

제주도 한라산의 윤노리나무

꽃

잎

10월 열매

나무껍질은 흑갈색이고 어린가지에 타원형의 껍질눈이 있다. 잎은 뻣뻣하고 가장자리에 잔톱니가 있다. 꽃은 잎겨드랑이에서 피며 꽃자루와 꽃받침에 털이 있다. 열매는 꽃받침자국이 남고 열매자루에 갈색의 껍질눈이 있다.

- 중부 이남의 산지
- 3~5m
- 어긋나기, 거꾸로 된 난형
- 5월, 흰색, 산방화서
- 9~10월, 타원형, 붉은색

장미과 | *Sorbus alnifolia* | 갈잎큰키나무 # 팥배나무

성균관대의 팥배나무

꽃

잎 뒷면

10월 열매

나무껍질은 회갈색 또는 흑갈색이고 흰색의 껍질눈이 나타난다. 잎은 끝이 뾰족하고 가장자리에 불규칙한 겹톱니가 있다. 꽃은 가지 끝에 피며 꽃잎과 꽃받침조각이 각각 5개이다. 열매의 표면에는 흰색의 껍질눈이 산재한다.

- 산지
- 10~15m
- 어긋나기, 난형 또는 타원형
- 5~6월, 흰색, 산방화서
- 9~10월, 타원형, 붉은색

마가목

장미과 | *Sorbus commixta* | 갈잎작은키나무

마가목

꽃

잎 뒷면

11월 열매

나무껍질은 회갈색이고 잔가지에 털이 없다. 작은잎은 긴 타원형이고 9~13개가 나며, 끝이 뾰족하며 양면에 털이 없다. 꽃은 가지 끝에 모여 핀다. 봄에 돋는 새싹을 말의 이빨에 비유한 '마아목(馬牙木)'이 변한 이름이다.

- 중부 이남의 산지
- 6~8m
- 어긋나기, 깃꼴겹잎
- 5~6월, 흰색, 겹산방화서
- 9~10월, 원형, 붉은색

콩과 | *Caesalpinia decapetala* | 갈잎떨기나무 # 실거리나무

제주도 서귀포시의 실거리나무

잎

줄기의 가시

11월 열매

나무껍질은 검붉은 색이다. 가시 달린 가지가 덩굴처럼 다른 물체에 얽혀 자란다. 작은잎은 긴 타원형이고 5~10쌍이 달린다. 꽃은 가지 끝에 모여 피며 수술대 끝이 붉은색이다. 꼬투리 열매가 벌어지면 6~10개의 씨가 드러난다.

- 남부지방의 해안가
- 1~2m
- 어긋나기, 2회 깃꼴겹잎
- 5~6월, 노란색, 총상화서
- 10~11월, 긴 타원형, 갈색

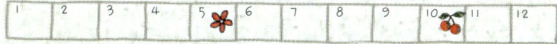

281

개느삼

콩과 | *Echinosophora koreensis* | 갈잎떨기나무

개느삼

잎

가지

7월 열매

땅속의 뿌리줄기가 퍼져나간다. 나무껍질은 갈색이고 가지는 털로 덮여 있다. 작은잎은 타원형이고 13~31개가 달린다. 꽃은 가지 끝에 나비 모양으로 핀다. 열매 표면에는 돌기와 털이 많다. 결실률은 떨어지는 편이다.

- 강원도 이북
- 0.5~1m
- 어긋나기, 깃꼴겹잎
- 5월, 노란색, 총상화서
- 7~9월, 긴 염주 모양

콩과 | *Wisteria floribunda* | 갈잎덩굴나무

한라수목원의 등

꽃

잎

12월 열매

나무껍질은 회갈색이고 다른 물체를 휘감는다. 작은잎은 긴 난형이고 11~19개가 달린다. 꽃은 잎겨드랑이에서 나오는 꽃차례에 핀다. 향기가 좋다. 열매는 부드러운 털로 덮여 있고 딱딱하다. 안에는 동그란 씨가 들어 있다.

- 경기 이남의 산지
- 8~10m
- 어긋나기, 깃꼴겹잎
- 4~5월, 연자주색, 총상화서
- 9~10월, 납작하고 긴 꼬투리

아까시나무

콩과 | *Robinia pseudoacacia* | 갈잎큰키나무

아까시나무

꽃

잎

6월 열매

나무껍질은 갈색 또는 황갈색이고 세로로 깊게 갈라진다. 잔가지에는 턱잎이 변한 가시가 있다. 작은잎은 타원형이고 9~19개가 달린다. 꽃은 새 가지의 잎겨드랑이에서 나비 모양으로 피며 달콤한 향기가 난다.

- 북미 원산, 전국의 산야
- 15~25m
- 어긋나기, 깃꼴겹잎
- 5~6월, 흰색, 총상화서
- 9월, 납작하고 긴 꼬투리

콩과 | *Caragana sinica* | 갈잎떨기나무 # 골담초

홍릉수목원의 골담초

꽃　　　　　　　　　잎

턱잎이 변한 가시

나무껍질은 회갈색이고 가지에 모가 진다. 작은잎은 타원형이고 4개가 달린다. 턱잎이 변한 가시가 있다. 꽃은 나비 모양이고 잎겨드랑이에 1개씩 핀다. 처음에는 노란색이었다가 붉은색으로 변한다. 열매는 보기 어렵다.

- 경기, 호남, 경북의 산지
- 1~2m
- 어긋나기, 깃꼴겹잎
- 5월, 노란색
- 9월, 꼬투리

족제비싸리

콩과 | *Amorpha fruticosa* | 갈잎떨기나무

강원도 동강의 족제비싸리

꽃

잎

9월 열매

나무껍질은 짙은 회갈색이고 껍질눈이 있다. 작은잎은 난형 또는 타원형이고 뒷면에 털이 있으며 가장자리는 밋밋하다. 꽃은 가지 끝에 조밀하게 달리고 진한 향기가 난다. 꼬투리 열매는 한쪽으로 휘고 표면에 작은 돌기가 많다.

- 북미 원산, 전국의 산야
- 2~3m
- 어긋나기, 깃꼴겹잎
- 5~6월, 흑자색, 수상화서
- 9월, 작고 굽은 꼬투리

대극과 | *Daphniphyllum macropodum* | 늘푸른작은키나무

굴거리나무

제주도 한라산의 굴거리나무

수꽃

암꽃

11월 열매

나무껍질은 회갈색이고 타원형의 껍질눈이 있다. 잎은 가지 끝에 촘촘히 달리고 질이 두꺼우며 측맥은 12~17쌍이다. 암수딴그루로, 꽃은 잎겨드랑이에 달리며 꽃잎과 꽃받침이 없다. 열매는 표면에 흰 가루가 있고 쓴맛이 난다.

- 남부지방의 산기슭이나 숲 속
- 7~10m
- 어긋나기, 긴 타원형
- 5~6월, 총상화서
- 10~11월, 타원형, 흑자색

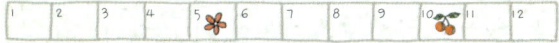

초피나무

운향과 | *Zanthoxylum piperitum* | 갈잎떨기나무

초피나무의 수꽃

암꽃

마주난 가시

10월 열매

나무껍질은 회갈색이고 턱잎이 변한 1쌍의 가시가 마주난다. 작은잎은 9~25개까지 달리고 난형이며 가장자리에 물결 모양의 톱니가 있다. 암수딴그루다. 열매는 익으면 검은 광택의 씨를 드러낸다. 전체에서 강한 향기가 난다.

- 강원도와 서해 도서지방 이남
- 2~3m
- 어긋나기, 깃꼴겹잎
- 5~6월, 노란색, 총상화서
- 9~10월, 구형, 적갈색

운항과 | *Orixa japonica* | 갈잎떨기나무

상산

제주도 일출봉의 상산

수꽃

암꽃

11월 열매

나무껍질은 회백색 또는 회갈색이다. 잎은 끝이 뾰족하고 가장자리는 밋밋하다. 암수딴그루로, 수꽃은 4개의 수술과 있고 암꽃은 암술머리가 4개로 갈라진다. 열매는 익으면 갈라져 벌어진다. 전체에서 강한 향기가 난다.

- 남부지방의 숲 속
- 2~3m
- 어긋나기, 거꾸로 된 난형
- 4~5월, 황록색, 총상화서
- 10~11월, 4개로 갈라진 모양

289

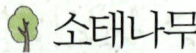
소태나무

소태나무과 | *Picrasma quassioides* | 갈잎큰키나무

소태나무의 수꽃

암꽃

잎

7월 열매

나무껍질은 흑갈색이고 어린 나무는 마름모 모양의 껍질눈이 나타난다. 작은잎은 난형 또는 긴 난형이고 9~15개가 달린다. 암수딴그루로, 꽃은 위쪽 가지의 잎겨드랑이에서 핀다. 잎과 줄기의 속껍질에서 매우 쓴맛이 난다.

- 산지
- 9~12m
- 어긋나기, 깃꼴겹잎
- 5~6월, 황록색, 산방화서
- 9월, 난형, 검붉은 색

옻나무과 | *Rhus tricocarpa* | 갈잎작은키나무 # 개옻나무

개옻나무의 수꽃

암꽃

잎

9월 열매

나무껍질은 회갈색이고 껍질눈이 있다. 작은잎은 13~21개이고 난형 또는 타원형이며 가장자리는 밋밋하거나 톱니가 약간 있다. 암수딴그루로, 꽃차례는 아래로 처져서 달린다. 잎을 자르면 하얀 액이 나온다. 열매에 털이 있다.

- 산지
- 5~7m
- 어긋나기, 깃꼴겹잎
- 5월, 황록색, 원추화서
- 10월, 납작한 구형, 황갈색

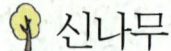 신나무

단풍나무과 | *Acertataricum* subsp. *ginnala* | 갈잎작은키나무

평강식물원의 신나무

꽃

단풍 든 잎

6월 열매

나무껍질은 회색 또는 회갈색이고 세로로 갈라진다. 잎은 가장자리에 불규칙한 겹톱니가 있고 뒷면에 갈색 털이 있다. 꽃은 가지 끝에 달린다. 열매의 날개는 평행하거나 겹쳐지지만 점차 벌어진다. '색목(色木)'이라고도 한다.

- 산지
- 8~10m
- 마주나기, 3개로 갈라짐
- 5월, 연한 노란색, 겹산방화서
- 9~10월, 날개 모양

단풍나무과 | *Acer triflorum* | 갈잎작은키나무

복자기

복자기의 단풍 든 잎

수꽃

암꽃

5월 열매

나무껍질은 회백색 또는 회갈색이고 너덜너덜 해지면서 세로로 얇게 벗겨진다. 작은잎은 넓은 피침형이고 2~4개의 큰 톱니가 있다. 암수딴그루 또는 암수한그루이며 꽃은 잎과 함께 핀다. 열매의 표면에는 털이 있다.

- 산지
- 3~8m
- 마주나기, 3출엽
- 5월, 연한 노란색, 산방화서
- 9~10월, 날개 모양

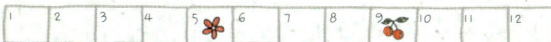

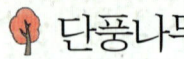
단풍나무

단풍나무과 | *Acer palmatum* | 갈잎큰키나무

대구수목원의 단풍나무

꽃

잎 뒷면

7월 열매

나무껍질은 회색 또는 회갈색이고 어린가지는 홍색을 띠다가 녹색으로 변한다. 잎은 끝이 길게 뾰족하고 5~7개로 깊게 갈라지며 가장자리에 겹톱니가 있다. 꽃은 가지 끝에 핀다. 열매의 날개는 수평에 가깝게 벌어진다.

- 중부 이남의 산지
- 10m
- 마주나기, 손바닥 모양
- 5월, 붉은색, 산방화서
- 9~10월, 날개 모양

단풍나무과 | *Acer pseudosieboldianum* | 갈잎작은키나무

당단풍나무

울릉도의 당단풍나무

꽃

잎 뒷면

7월 열매

나무껍질은 회색이고 어린가지는 적갈색 또는 갈색을 띤다. 잎은 9~11개로, 단풍나무보다 많이 갈라진다. 갈래조각은 서로 약간 겹쳐지고 가장자리에 겹톱니가 있다. 잎 뒷면에 잔털이 많다. 열매는 점점 둔각으로 벌어진다.

- 산지
- 8m
- 마주나기, 손바닥 모양
- 5월, 붉은색, 산방화서
- 9~10월, 날개 모양

295

고로쇠나무

단풍나무과 | *Acer pictum* subsp. *mono* | 갈잎큰키나무

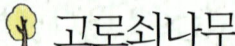

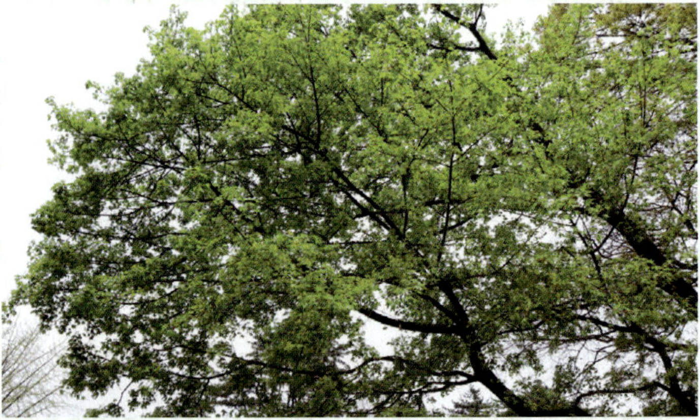

홍릉수목원의 고로쇠나무

꽃

잎

9월 열매

나무껍질은 회색이고 세로로 갈라진다. 잎은 5~9로 갈라지고 가장자리는 밋밋하며 뒷면 맥 겨드랑이에 털이 모여난다. 꽃은 새 가지 끝에 달린다. 수술은 8개이고 암술은 1개이다. 열매의 날개는 둔각으로 벌어진다.

- 산지
- 15~20m
- 마주나기, 손바닥 모양
- 4~5월 황백색, 산방화서
- 9~10월, 날개 모양

감탕나무과 | *Ilex cornuta* | 늘푸른떨기나무

호랑가시나무

전북 변산의 호랑가시나무

꽃

어린잎

10월 열매

나무껍질은 회백색이고 껍질눈이 발달하나 갈라지지는 않는다. 잎은 질이 두껍고 광택이 있으며 결각 모양의 가시가 돌출한다. 성장 시기에 따라 모양이 다르다. 꽃은 암수딴그루 또는 잡성화로 핀다. 열매에는 4개의 씨가 있다.

- 충남 이남의 해안 산지
- 3~4m
- 어긋나기, 타원형
- 4~5월, 노란색, 산형화서
- 9~10월, 구형, 붉은색

푼지나무

노박덩굴과 | *Celastrus flagellaris* | 갈잎덩굴나무

성남 남한산성의 푼지나무

수꽃

잎과 암꽃

가시

나무껍질은 회갈색 또는 흑갈색이고 거칠게 벗겨지며 공기뿌리가 덕지덕지 나온다. 잎은 가장자리에 가시처럼 빳빳한 톱니가 있다. 턱잎은 가시로 변한다. 암수딴그루다. 열매는 익으면 3개로 갈라지면서 붉은 씨를 드러낸다.

- 산기슭
- 4~5m
- 어긋나기, 넓은 타원형
- 5~6월, 황록색, 취산화서
- 9~10월, 구형, 노란색

| 1 | 2 | 3 | 4 | 5 | 6 | 7 | 8 | 9 | 10 | 11 | 12 |

노박덩굴과 | *Celastrus orbiculatus* | 갈잎덩굴나무

노박덩굴

노박덩굴

수꽃

잎

10월 열매

나무껍질은 회색 또는 회갈색이고 깊게 갈라지며 벗겨진다. 푼지나무와 달리 잎 가장자리의 톱니가 둔하고 턱잎이 변한 가시가 없다. 꽃은 암수딴그루 또는 잡성화로 핀다. 열매는 익으면 갈라지면서 붉은 씨를 드러낸다.

- 산과 들
- 5~10m
- 어긋나기, 넓은 타원형
- 5~6월, 황록색, 취산화서
- 10월, 구형, 노란색

화살나무

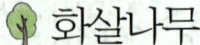

노박덩굴과 | *Euonymus alatus* | 갈잎떨기나무

화살나무

꽃   잎   11월 열매

나무껍질은 회색 또는 회갈색이고 가지에 코르크질의 날개가 2~4줄이 생긴다. 잎은 가장자리에 날카로운 잔톱니가 있다. 꽃은 잎겨드랑이에서 모여 핀다. 열매는 익으면 헛씨껍질이 벌어지면서 주홍색의 씨를 드러낸다.

- 산지
- 1~3m
- 마주나기, 거꾸로 된 난형
- 5월, 황록색, 취산화서
- 10~11월, 타원형, 붉은색

노박덩굴과 | *Euonymus oxyphyllus* | 갈잎떨기나무

참회나무

참회나무

꽃

잎

9월 열매

나무껍질은 회색이다. 잎은 끝이 뾰족하고 가장자리의 톱니가 안으로 굽는다. 잎자루는 매우 짧다. 꽃은 긴 꽃자루 끝에 처져 달린다. 열매는 익으면 4~5개로 벌어지면서 헛씨껍질에 싸인 주홍색의 씨를 드러낸다.

- 산지
- 2~5m
- 마주나기, 난형 또는 타원형
- 5~6월, 황록색, 취산화서
- 9~10월, 구형, 붉은색

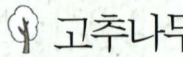 # 고추나무

고추나무과 | *Staphylea bumalda* | 갈잎떨기나무

강원도 소백산의 고추나무

꽃

잎 뒷면

10월 열매

나무껍질은 회색이다. 작은잎은 난형 또는 긴 난형이고 끝이 뾰족하며 가장자리에 잔톱니가 있다. 꽃은 가지 끝에 처져 달린다. 꽃잎과 꽃받침잎은 각각 5개이다. 열매는 부푼 자루처럼 생겼고 끝이 2개로 넓게 갈라진다.

- 산기슭이나 골짜기
- 2~3m
- 마주나기, 3출엽
- 5~6월, 흰색, 원추화서
- 9~10월, 반원형, 갈색

고추나무과 | *Euscaphis japonica* | 갈잎떨기나무

말오줌때

완도수목원의 말오줌때

꽃

잎

9월 열매

나무껍질은 회갈색 또는 흑갈색이다. 작은잎은 긴 난형이고 가장자리에 톱니가 있으며 5~11개가 달린다. 꽃은 가지 끝에 자잘하게 핀다. 열매는 벌어지면서 광택이 나는 검은 씨를 드러낸다. '말오줌대'에서 변한 이름이다.

- 남부지방의 산
- 3~4m
- 마주나기, 깃꼴겹잎
- 5~6월, 황록색, 원추화서
- 9~11월, 타원형, 붉은색

회양목

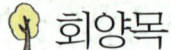

회양목과 | *Buxus koreana* | 늘푸른떨기나무

강원도 동강의 회양목

꽃

잎

5월 열매

나무껍질은 회색이다. 잎은 가장자리가 밋밋하고 뒤로 젖혀진다. 앞면에 광택이 있으며 밑부분과 잎자루에 털이 있다. 암수한그루로, 꽃은 잎겨드랑이에 달리며 암꽃 주변에 수꽃이 둘러 핀다. 열매는 암술대가 뿔처럼 달린다.

- 산지의 석회암지대
- 2~3m
- 마주나기, 타원형
- 4~5월, 연한 노란색
- 9월, 난형, 갈색

포도과 | *Vitis amurensis* | 갈잎덩굴나무

왕머루

홍릉수목원의 왕머루

꽃

잎 뒷면

9월 열매

나무껍질은 적갈색이다. 덩굴손은 잎과 마주난다. 잎은 3~5개로 얕게 갈라지기도 하고 가장자리에 톱니가 있으며 뒷면 맥 위에 짧은 털이 있다. 꽃차례는 잎과 함께 마주나고 꽃이 촘촘하게 모여 핀다. 열매는 새콤한 맛이 난다.

- 산지
- 7~10m
- 어긋나기, 넓은 난형
- 5~6월, 황록색, 원추화서
- 9월, 구형, 검은색

| 1 | 2 | 3 | 4 | 5 | 6 | 7 | 8 | 9 | 10 | 11 | 12 |

보리수나무

보리수나무과 | *Elaeagnus umbellata* | 갈잎떨기나무

보리수나무

꽃　　　　　　　잎 뒷면　　　　　　9월 열매

나무껍질은 흑회색이고 어린가지는 은백색의 비늘털로 덮여 있다. 잔가지가 흔히 가시로 변한다. 잎은 가장자리가 밋밋하고 뒷면에 은백색 비늘털이 덮여 있다. 꽃은 1~7개가 잎겨드랑이에 핀다. 열매는 떫지만 단맛이 난다.

- 산기슭
- 3~4m
- 어긋나기, 타원형, 긴 타원형
- 5~6월, 흰색
- 9~11월, 구형, 붉은색

박쥐나무과 | *Alangium platanifolium var. trilobum* | 갈잎떨기나무 # 박쥐나무

박쥐나무

꽃

잎

7월 열매

나무껍질은 회색이고 껍질눈이 있다. 잎은 3~5개로 얕게 갈라지고 양면에 털이 있다. 잎겨드랑이에 2~5개의 꽃이 아래를 향해 핀다. 수술은 노란색이다. 열매는 짙은 파란색으로 익으며 약간 아린 맛이 난다.

- 산의 숲 속
- 2~4m
- 어긋나기, 손바닥 모양
- 5~7월, 흰색, 취산화서
- 8~9월, 둥근 난형, 파란색

층층나무

층층나무과 | *Cornus controversa* | 갈잎큰키나무

경기도 서운산의 층층나무

꽃

잎

9월 열매

나무껍질은 회갈색이고 세로로 얕게 갈라진다. 잎은 끝이 뾰족하고 가장자리는 밋밋하며 어긋나는 점이 특징이다. 잎맥은 6~9쌍이다. 꽃은 어린가지 끝에 자잘하게 모여 핀다. 수술과 꽃잎은 각각 4개이고 암술은 1개이다.

- 산지의 물가나 골짜기
- 10~20m
- 어긋나기, 넓은 난형
- 5월, 흰색, 산방화서
- 9~10월, 구형, 검은색

충층나무과 | *Cornus kousa* | 갈잎작은키나무

산딸나무

산딸나무

꽃

잎

9월 열매

나무껍질은 흑갈색이고 벗겨지기도 한다. 잎은 가장자리에 얕은 톱니가 있거나 밋밋하다. 꽃잎처럼 보이는 흰색의 포엽 4개가 펼쳐지고 그 가운데에 진짜 꽃이 모여 핀다. 열매는 감처럼 들쩍지근한 맛이 난다.

- 중부 이남의 산지
- 5~7m
- 마주나기, 난형 또는 타원형
- 5~6월, 황록색, 두상화서
- 9~10월, 구형, 붉은색

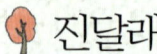
진달래

진달래과 | *Rhododendron mucronulatum* | 갈잎떨기나무

진달래

잎

6월 열매

흰진달래

나무껍질은 회색이다. 잎은 끝이 뾰족하고 가장자리는 밋밋하다. 꽃은 2~5개가 잎보다 먼저 피고 꽃부리는 5개로 갈라진다. 열매에는 기다란 암술대가 남아 있다. 흰색 꽃이 피는 것은 '흰진달래(for. *albiflorum*)' 라고 한다.

- 산지
- 2~3m
- 어긋나기, 넓은 피침형
- 4~5월, 분홍색
- 9~10월, 원통형

진달래과 | *Rhododendron schlippenbachii* | 갈잎떨기나무 철쭉

철쭉

잎

11월 열매

흰철쭉

나무껍질은 회색 또는 회백색이다. 어린가지와 꽃자루는 끈끈하다. 잎은 어긋나지만 가지 끝에서는 4~5개가 모여 달린다. 꽃은 잎과 함께 3~7개가 핀다. 흰색 꽃이 피는 것은 '흰철쭉(for. *albiflorum*)'이라고 한다.

- 산지
- 2~5m
- 어긋나기 또는 모여나기
- 5월, 연한 분홍색, 산형화서
- 10월, 난형

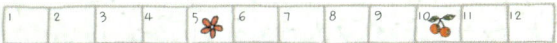

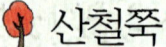
산철쭉
진달래과 | *Rhododendron yedoense* for. *poukhanense* | 갈잎떨기나무

산철쭉

잎

6월 열매

흰산철쭉

나무껍질은 회색 또는 회갈색이다. 잎은 가장자리가 밋밋하고 뒷면에 갈색 털이 많이 난다. 꽃은 가지 끝에 2~3개가 달리며 안쪽에 짙은 무늬가 있다. 흰색 꽃이 피는 것은 '흰산철쭉 (for. *albiflora*)' 이라고 한다.

- 산지
- 1~2m
- 어긋나기, 긴 타원형
- 4~5월, 홍자색
- 9월, 난형, 털이 있음

진달래과 | *Vaccinium oldhamii* | 갈잎떨기나무 # 정금나무

정금나무

꽃

잎 뒷면

10월 열매

나무껍질은 회갈색이다. 잎은 양면 맥 위에 털이 있다. 꽃은 새 가지의 끝에서 나오는 꽃차례에 줄줄이 달린다. 꽃부리는 끝이 5개로 갈라지고 뒤로 살짝 젖혀진다. 열매는 꽃받침자국이 있으며 새콤달콤한 맛이 난다.

- 충청 이남의 숲
- 2~3m
- 어긋나기, 난형 또는 타원형
- 5~7월, 붉은색, 총상화서
- 8~10월, 구형, 검은색

1	2	3	4	5	6	7	8	9	10	11	12
				✿			🍒				

때죽나무

때죽나무과 | *Styrax japonicus* | 갈잎작은키나무

경기도 오산시의 때죽나무

꽃

잎

9월 열매

나무껍질은 흑갈색이고 세로로 얕게 갈라진다. 잎은 끝이 뾰족하고 가장자리에 잔톱니가 있다. 꽃은 잎겨드랑이에서 1~6개가 아래를 향해 핀다. 꽃부리는 5개로 깊게 갈라진다. 흔히 벌레집이 생긴다. 열매는 독성이 있다.

- 중부 이남의 산
- 8~9m
- 어긋나기, 난형, 긴 타원형
- 5~6월, 흰색, 총상화서
- 9월, 구형, 연녹색

쪽동백나무

때죽나무과 | *Styrax obassia* | 갈잎작은키나무

경기도 서운산의 쪽동백나무

꽃

잎

6월 열매

나무껍질은 흑회색이고 매끄러운 편이다. 때죽나무보다 잎이 크고 위쪽에 잔톱니나 긴 톱니가 있다. 꽃은 새 가지 끝에 나오는 꽃차례의 양쪽에 20개 내외가 핀다. 꽃부리는 5개로 깊게 갈라진다. 열매에서 기름을 짜서 쓴다.

- 산지
- 8~9m
- 어긋나기, 원형, 타원형
- 5~6월, 흰색, 총상화서
- 9월, 난형, 타원형, 연녹색

고욤나무

감나무과 | *Diospyros lotus* | 갈잎큰키나무

고욤나무

수꽃

암꽃

10월 열매

나무껍질은 흑회색이고 껍질눈이 불규칙하게 나타난다. 잎은 질이 두껍고 가장자리는 밋밋하다. 암수딴그루로, 꽃은 어린가지의 잎겨드랑이에 종 모양으로 핀다. 열매의 지름은 1.5cm 정도로 작고 물컹하게 익으면 감 맛이 난다.

- 경기 이남의 산
- 9~10m
- 어긋나기, 타원형, 긴 타원형
- 5~6월, 연한 노란색, 갈색
- 10월, 구형, 짙은 갈색

노린재나무과 | *Symplocos chinensis* for. *pilosa* | 갈잎떨기나무

노린재나무

노린재나무

꽃

잎 뒷면

8월 열매

나무껍질은 회갈색이고 세로로 얕게 갈라진다. 잎은 가장자리에 톱니가 있거나 밋밋하다. 꽃은 새 가지 끝에 모여 피고 향기가 있으며 꽃자루에 털이 있다. 열매는 아린 맛이 난다. 노린재나무의 재에서 낸 잿물을 매염제로 쓴다.

- 산과 들
- 2~5m
- 어긋나기, 타원형
- 5~6월, 흰색
- 8~9월, 타원형, 진한 파란색

이팝나무

물푸레나무과 | *Chionanthus retusus* | 갈잎큰키나무

홍릉수목원의 이팝나무

꽃

잎

10월 열매

나무껍질은 회갈색이고 세로로 불규칙하게 갈라진다. 잎은 가장자리가 밋밋하지만 어린나무의 잎은 겹톱니가 나타난다. 꽃은 새 가지 끝에 달리고 꽃부리가 4개로 갈라진다. 꽃이 쌀밥(이밥)이 담긴 모습 같다 하여 붙은 이름이다.

- 남부지방의 산골짜기
- 15~20m
- 마주나기, 긴 타원형
- 4~6월, 흰색, 원추화서
- 10~11월, 타원형, 흑자색

물푸레나무과 | *Ligustrum obtusifolium* | 갈잎떨기나무 # 쥐똥나무

쥐똥나무

꽃

잎 뒷면

11월 열매

나무껍질은 회백색이고 가지가 많이 갈라지고 잔가지가 가시로 변한다. 잎은 끝이 둥글고 가장자리가 밋밋하며 뒷면 맥 위에 털이 있다. 꽃은 가지 끝에 핀다. 꽃부리는 대롱 모양이고 끝이 4개로 갈라지며 뒤로 젖혀진다.

- 산지
- 1.5~2m
- 마주나기, 긴 타원형
- 5~6월, 흰색, 총상화서
- 10~12월, 타원형, 검은색

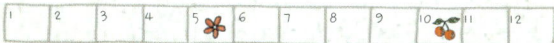

미선나무

물푸레나무과 | *Abeliophyllum distichum* | 갈잎떨기나무

한국도로공사수목원의 미선나무

꽃

잎

1월 열매

나무껍질은 회갈색이고 세로로 얕게 갈라진다. 잎은 끝이 뾰족하고 가장자리는 밋밋한 편이다. 꽃은 지난해의 가지에 잎보다 먼저 핀다. 꽃부리는 4개로 갈라지고 끝이 오목하게 파인다. 열매도 끝이 오목하게 파인다.

- 경기도와 충청도의 산기슭
- 1~2m
- 마주나기, 난형 또는 타원형
- 4월, 흰색, 총상화서
- 9월, 둥근 부채 모양

물푸레나무과 | *Forsythia koreana* | 갈잎떨기나무

개나리

국립수목원의 개나리

단주화

잎

10월 열매

나무껍질은 녹색에서 회갈색으로 변하고 줄기 속은 비어 있다. 잎은 위쪽에 톱니가 있거나 밋밋하며 새 가지의 잎이 3갈래로 갈라지기도 한다. 꽃은 잎보다 먼저 피며 암술이 수술보다 긴 장주화, 그 반대인 단주화가 핀다.

- 양지바른 산기슭
- 2~3m
- 마주나기, 긴 타원형
- 4월, 노란색
- 9~10월, 난형, 갈색

| 1 | 2 | 3 | 4 | 5 | 6 | 7 | 8 | 9 | 10 | 11 | 12 |

물푸레나무

물푸레나무과 | *Fraxinus rhynchophylla* | 갈잎큰키나무

물푸레나무

꽃

잎

5월 열매

나무껍질은 회백색이고 흰색 얼룩무늬가 나타난다. 작은잎은 난형 또는 피침형이고 뒷면 맥 위에 털이 있으며 5~7개가 달린다. 꽃은 새 가지 끝에 암수딴그루 또는 양성화로 핀다. 가지를 물에 담그면 물빛이 푸르게 보인다.

- 산지
- 10~25m
- 마주나기, 깃꼴겹잎
- 4~5월, 황록색, 원추화서
- 8~9월, 날개 달린 모양, 갈색

현삼과 | *Paulownia coreana* | 갈잎큰키나무 # 오동나무

오동나무

수꽃

2월 열매

참오동나무

나무껍질은 회갈색이고 껍질눈이 발달한다. 잎은 흔히 5각 모양이 되며 폭이 12~29cm에 이른다. 꽃은 종처럼 생겼고 가지 끝에 달린다. 꽃부리 안쪽에 자주색 줄무늬가 있는 것은 '참오동나무(*P. tomentosa*)' 라고 한다.

- 주로 심어 기름
- 10~15m
- 마주나기, 둥근 난형
- 5~6월, 연보라색, 원추화서
- 10월, 난형, 갈색

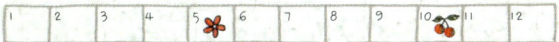

딱총나무

딱총나무과 | *Sambucus williamsii* var. *coreana* | 갈잎떨기나무

딱총나무

꽃   잎   6월 열매

나무껍질은 갈색 또는 회갈색이고 가지 속의 수는 백색 또는 암갈색이다. 작은잎은 긴 타원형이고 끝이 길게 뾰족하며 가장자리의 톱니가 안으로 굽지 않는다. 꽃차례에 작은 돌기가 있고 털은 없다.

- 산지
- 3~5m
- 마주나기, 깃꼴겹잎
- 5~6월, 황록색, 원추화서
- 7월, 구형, 붉은색

인동과 | *Viburnum carlesii* | 갈잎떨기나무 # 분꽃나무

경기도 제부도의 분꽃나무

꽃　　　　　　　　잎　　　　　　　　11월 열매

나무껍질은 회갈색이다. 잎은 가장자리에 불규칙한 톱니가 있고 뒷면에 별 모양의 털이 많다. 꽃은 깔때기 모양이고 가지 끝에 달린다. 꽃부리는 끝이 5개로 갈라지고 수평으로 퍼진다. 꽃에서 분내가 난다.

- 산지나 바닷가 산기슭
- 1.5~2m
- 마주나기, 넓은 난형, 원형
- 4~5월, 흰색, 취산화서
- 9~10월, 둥근 난형, 검은색

덜꿩나무

인동과 | *Viburnum erosum* | 갈잎떨기나무

덜꿩나무

잎

턱잎

9월 열매

나무껍질은 회갈색이고 어린가지에 별 모양의 털이 많다. 잎은 가장자리에 치아 모양의 톱니가 있다. 잎자루에 뾰족한 턱잎이 있는 점이 특징이다. 꽃은 가지 끝에 모여 피고 구수한 꿀 향기가 난다. 열매는 시큼한 맛이 난다.

- 중부 이남의 산
- 1.5~2m
- 마주나기, 난형
- 5월, 흰색, 산방화서
- 9~10월, 구형, 붉은색

인동과 | *Viburnum dilatatum* | 갈잎떨기나무

가막살나무

가막살나무

꽃

9월 열매

산가막살나무

나무껍질은 회갈색이고 어린가지에 샘점과 별 모양의 털이 있다. 잎은 가장자리에 톱니가 있고 잎맥이 깃 모양으로 난다. 턱잎은 없다. '산가막살나무(*V. wrightii*)'는 잎이 넓은 난형이고 잎맥이 손바닥 모양인 점이 다르다.

- 중부 이남의 산
- 2~3m
- 마주나기, 거꾸로 된 난형
- 5월, 흰색, 산방화서
- 9~10월, 구형, 붉은색

327

백당나무

인동과 | *Viburnum opulus* var. *calvescens* | 갈잎떨기나무

백당나무

양성화

8월 열매

불두화

나무껍질은 회갈색이다. 잎은 가장자리에 굵은 톱니가 있고 잎몸이 3개로 갈라지기도 한다. 꽃의 가장자리는 무성화가 달리고 가운데에서 양성화가 핀다. '불두화(for. *hydrangeoides*)' 는 모두 무성화만 달린다.

- 산기슭이나 산골짜기
- 2~3m
- 마주나기, 넓은 난형
- 5~6월, 흰색, 산방화서
- 9월, 구형, 붉은색

인동과 | *Weigela subsessilis* | 갈잎떨기나무 # 병꽃나무

병꽃나무

잎

12월 열매

붉은병꽃나무

나무껍질은 연한 회색이다. 잎은 끝이 뾰족하고 가장자리에 잔톱니가 있으며 양면에 털이 있다. 꽃은 잎겨드랑이에 1~2개씩 피며 점차 붉은색으로 변한다. '붉은병꽃나무(*W. florida*)'는 처음부터 붉은색 꽃이 핀다.

- 산지의 중턱 이하
- 2~3m
- 마주나기, 거꾸로 된 난형
- 5~6월, 연한 노란색
- 9월, 길쭉한 피침형, 갈색

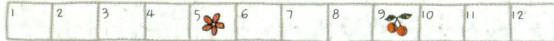

329

괴불나무

인동과 | *Lonicera maackii* | 갈잎떨기나무

괴불나무

꽃

잎

10월 열매

나무껍질은 갈색 또는 회갈색이고 세로로 갈라진다. 잎은 가장자리가 밋밋한 편이나 간혹 큰 톱니가 나타나기도 한다. 꽃은 잎겨드랑이에 2개씩 피어 점점 노란색으로 변하며 좋은 향기가 난다. 열매는 2개씩 서로 떨어져 있다.

- 산지의 그늘진 곳이나 산기슭
- 4~5m
- 마주나기, 난상 타원형
- 5~6월, 흰색
- 9~10월, 구형, 붉은색

인동과 | *Lonicera praeflorens* | 갈잎떨기나무 # 올괴불나무

올괴불나무

꽃

잎

5월 열매

나무껍질은 회갈색이고 세로로 갈라지며 가지 속의 수는 흰색이다. 잎은 가장자리가 밋밋하고 양면에 털이 있다. 꽃은 지난해의 가지에 2개씩 달린다. 꽃부리는 5개로 깊게 갈라진다. 열매는 서로 떨어져 있고 단맛이 난다.

- 산지의 숲 속
- 1~1.5m
- 마주나기, 난형 또는 타원형
- 3~4월, 연한 붉은색
- 5월, 구형, 붉은색

용어해설
Glossography

- **겹꽃** : 여러 겹의 꽃잎으로 이루어진 꽃.

- **겹잎** : 2개 이상의 작은잎이 모여서 하나의 잎차례를 이루는 형태. 복엽(複葉).

- **공기뿌리** : 공기 중에 나와 일정한 역할을 수생하는 뿌리. 기근(氣根).

- **기는줄기** : 땅 위로 기면서 마디에서 뿌리를 내리는 줄기. 포복경(匍匐莖).

- **꽃가루** : 수술의 꽃밥 속에 들어 있는 생식 세포. 화분(花粉).

- **꽃덮이** : 꽃잎과 꽃받침이 구별되지 않을 때 둘을 함께 아우르는 용어. 화피(花被).

- **꽃받침** : 꽃의 가장 바깥쪽에서 꽃잎을 받치고 있는 부분.

- **꽃받침잎** : 꽃받침을 이루는 조각이 붙어 있지 않고 떨어진 경우, 각의 꽃받침을 일컬음. 꽃받침조각.

- **꽃밥** : 수술의 일부로, 꽃가루를 형성하는 주머니 모양의 부분. 꽃가루주머니. 약(葯).

- **꽃부리** : 꽃잎이 각각의 낱장으로 나눠지지 않고 붙어 있어 집합된 모습을 이르는 말. 화관(花冠).

- **꽃잎** : 수술과 꽃받침 사이에 있는 기관으로, 각각의 낱장으로 떨어져 있는 경우에 사용하는 용어. 화판(花瓣).

- **꽃자루** : 꽃 또는 꽃차례의 자루. 화경(花梗).

- **꽃줄기** : 잎이 달리지 않는 줄기가 벋어나 통상 끝에 하나의 꽃이 달리는 줄기. 화경(花莖).

- **꽃차례** : 가지에서의 꽃의 배열 상태. 화서(花序).

- **꽃턱** : 꽃받침, 꽃잎, 수술, 암술 등의 기관이 달려 있는 불룩한 부

분. 화탁(花托).

- **꿀샘** : 당을 포함한 끈끈한 액을 분비하는 샘. 밀선(蜜腺).

- **대롱꽃** : 빨대처럼 속이 비어 있는 모양의 꽃. 관상화(冠狀花). 통상화(筒狀花).

- **덩이줄기** : 덩이 모양으로 된 땅속줄기. 괴경(塊莖).

- **돌려나기** : 하나의 마디에 잎이나 가지가 3개 이상 나는 상태. 윤생(輪生).

- **두상화** : 여러 개의 대롱꽃이나 혀꽃이 조밀하게 머리 모양으로 달려 한 개의 꽃처럼 보이는 형태.

- **땅속줄기** : 땅속에서 자라는 줄기. 지하경(地下莖).

- **방석 모양** : 뿌리에서 나온 잎이 땅 위에 치마나 방석처럼 사방으로 퍼져 장미꽃 모양을 이룬 상태. 로제트 모양.

- **마주나기** : 하나의 마디에 한 쌍의 잎이 마주 달리는 모양. 대생(對生).

- **무성지** : 꽃이 피지 않고 벋는 줄기.

- **벌레잡이주머니** : 식충식물에서 주머니 모양으로 되어 벌레를 잡는 것. 포충낭(捕蟲囊).

- **불염포** : 꽃차례를 덮을 정도로 넓게 커진 포엽.

- **비늘줄기** : 줄기 밑부분이나 땅을 기는 줄기 끝부분에 굵직하게 생기는 여러 개의 비늘조각. 인경(鱗莖).

- **뿌리잎** : 뿌리나 땅속줄기에서 땅위로 돋아난 잎. 근생엽(根生葉).

- **뿌리줄기** : 굵직하여 얼핏 뿌리처럼 보이는 땅속줄기. 근경(根莖).

- **산방화서(繖房花序)** : 아래쪽 꽃의 작은꽃자루(소화경)가 길고 위쪽으로 갈수록 점점 짧아서 꽃들이

용어해설 / Glossography

같은 높이에서 피기 때문에 전체적으로 평면의 접시 모양으로 배열하는 꽃차례.

- **산형화서(傘形花序)** : 길이가 거의 같은 꽃자루들이 우산 모양을 이룬 꽃차례.

- **살눈** : 식물체의 일부분에 생겨 독립적인 개체로 발달하는 부분. 주아(珠芽).

- **삼출엽** : 3개의 작은잎으로 이루어진 겹잎.

- **샘털** : 끈끈한 액을 분비하는 털. 선모(腺毛).

- **선형(線形)** : 실이나 줄처럼 가느다란 모양.

- **수상화서(穗狀花序)** : 길고 가느다란 꽃차례 축에 꽃자루가 없는 꽃이 조밀하게 달린 꽃차례. 이삭꽃차례.

- **수술** : 통상적으로 꽃밥과 수술대로 이루어진 생식기관을 일컬음.

- **수술대** : 수술에서 꽃밥을 받치는 원기둥 모양의 자루 부분. 화사(花絲).

- **씨방** : 암술의 팽창한 밑부분으로, 열매로 발달하는 부분. 자방(子房).

- **암술** : 열매를 형성하는 기관으로, 대개 암술머리와 암술대와 씨방으로 구성됨.

- **암술대** : 암술머리와 씨방 사이의 원기둥 모양의 자루 부분.

- **암술머리** : 꽃가루를 받는 암술의 일부분으로, 대개 암술대의 끝부분을 가리킴.

- **양성화** : 한 꽃에 암수의 성기관이 모두 구비되어 있는 꽃.

- **어긋나기** : 잎이나 가지가 마디마다 어긋나게 달리는 모양. 호생(互生).

- **엽상지(葉狀枝)** : 잎 모양을 한 가지.

- **육수화서(肉穗花序)** : 두툼한 육질이며 이삭처럼 작고 많은 꽃이 달리는 꽃차례.

- **잎자루** : 잎몸을 지탱하며 잎과 줄기를 연결하는 자루 부분. 엽병(葉柄).

- **잎차례** : 잎의 배열 상태. 엽서(葉序).

- **작은꽃자루** : 꽃차례를 이루고 있는 낱개 꽃들의 자루. 소화경(小花梗).

- **작은잎** : 겹잎을 이루는 여러 개의 잎 중 각각의 잎. 쪽잎. 소엽(小葉).

- **줄기잎** : 줄기 쪽에 달리는 잎. 경생엽(莖生葉).

- **총상화서(總狀花序)** : 긴 꽃대에 꽃자루의 길이가 비슷한 꽃들이 배열되어 밑에서부터 위로 피어 올라가는 꽃차례.

- **총포** : 꽃이나 꽃차례 또는 열매를 둘러싸고 있는 잎의 변이체로, 대개는 국화과 식물 등에 제한적으로 사용하는 용어.

- **턱잎** : 잎자루 또는 잎자루 밑부분 주변의 줄기 위에 쌍으로 발달하는 부속체. 탁엽(托葉).

- **포(苞)** : 꽃이나 꽃차례 밑에 달리는 잎 모양의 부속체. 포엽(苞葉).

- **피침형** : 잎, 꽃잎, 꽃받침잎 등의 끝이 가늘어지면서 피침처럼 되는 모양.

- **헛수술** : 꽃밥이 달리지 않아 꽃가루가 생기지 않는 기관. 생식성이 없는 수술.

- **혀꽃** : 꽃잎이 편평한 혓바닥 모양의 꽃. 설상화(舌狀花).

식물명 찾아보기 Index

- 봄꽃·봄나무
- 여름·가을꽃 / 여름·가을나무

ㄱ

가는갯능쟁이 67
가는기린초 93
가는쑥부쟁이 279
가는오이풀 113
가는잎왕고들빼기 319
가는잎할미꽃 40
가는잎향유 215
가는장구채 57
가락지나물 96
가래 330
가래나무 221
가막사리 305
가막살나무 327
가새잎개머루 409
가시도꼬마리 273
가시박 153
가시상추 321
가시여뀌 41
가시연꽃 82
가시오갈피 419
가지괭이눈 90

가지복수초 59
각시둥굴레 185
각시붓꽃 194
각시수련 83
각시족도리풀 67
갈참나무 230
갈퀴덩굴 134
갈퀴현호색 73
감국 294
감자난초 206
감태나무 245
개감수 111
개갓냉이 86
개곽향 203
개구리미나리 50
개구리발톱 55
개구리자리 48
개구릿대 172
개나리 321
개느삼 282
개다래 381
개똥쑥 297

개망초 287
개맥문동 349
개머루 409
개미자리 38
개미탑 162
개버무리 379
개별꽃 36
개복수초 59
개불알풀 151
개비름 68
개소시랑개비 97
개쉽싸리 213
개시호 164
개싸리 119
개쑥갓 162
개쑥부쟁이 278
개쓴풀 186
개아마 137
개여뀌 42
개연꽃 81
개옻나무 291
개정향풀 132

초보자가 꼭 알아야 할 손바닥 식물도감
봄꽃 • 봄나무편

개족도리풀 67
개지치 136
개질경이 244
개회나무 425
갯개미취 280
갯괴불주머니 77
갯기름나물 175
갯까치수염 125
갯댑싸리 59
갯메꽃 135
갯무 87
갯방풍 169
갯버들 222
갯사상자 171
갯쑥부쟁이 279
갯씀바귀 168
갯완두 98
갯장구채 39
갯질경 185
갯패랭이꽃 53
검은낫갓나물 191
검은종덩굴 375

겨우살이 237
겨자냉이 82
계요등 426
고광나무 256
고깔제비꽃 118
고들빼기 168
고려엉겅퀴 309
고로쇠나무 296
고마리 45
고삼 115
고슴도치풀 141
고욤나무 316
고추나무 302
고추나물 87
골담초 285
골등골나물 275
곰딸기 387
곰솔 215
곰취 289
과남풀 188
광나무 424
광대나물 145

광대수염 144
광대싸리 395
광릉갈퀴 125
광릉골무꽃 205
광릉요강꽃 202
괭이밥 104
괭이싸리 119
괴불나무 330
구기자나무 435
구릿대 172
구상나무 212
구상난풀 123
구슬갓냉이 91
구슬붕이 130
구실바위취 105
구와말 227
구절초 292
국수나무 260
굴거리나무 287
굴참나무 228
굴피나무 220
궁궁이 178

식물명 찾아보기 Index

귀룽나무 270
금강봄맞이 129
금강소나무 215
금강애기나리 189
금강제비꽃 117
금강초롱꽃 252
금괭이눈 91
금꿩의다리 72
금난초 203
금낭화 71
금마타리 247
금방망이 290
금불초 261
금붓꽃 196
금새우난초 207
금오족도리풀 67
금창초 140
기름나물 174
기린초 93
기생여뀌 43
긴개별꽃 37
긴담배풀 264

긴오이풀 113
긴잎참싸리 391
까마귀머루 408
까마귀밥나무 258
까마중 223
까실쑥부쟁이 279
까치고들빼기 324
까치깨 146
까치발 306
까치수염 182
깨풀 140
깽깽이풀 64
께묵 318
꼬리조팝나무 385
꼬리진달래 422
꼬리풀 230
꼭두서니 196
꼭지연잎꿩의다리 71
꽃다지 79
꽃마리 138
꽃며느리밥풀 234

꽃받이 139
꽃산수국 384
꽃쥐손이 136
꽃향유 214
꾸지뽕나무 235
꿀풀 143
꿩의다리아재비 61
꿩의바람꽃 44
꿩의비름 94
끈끈이귀개 70
끈끈이대나물 51
끈끈이여뀌 42
끈끈이주걱 89

ㄴ

나도개감채 178
나도냉이 80
나도바람꽃 52
나도밤나무 402
나도송이풀 236
나도수정초 122
나도양지꽃 95

초보자가 꼭 알아야 할 손바닥 식물도감
봄꽃 • 봄나무편

나도옥잠화 179
나도풍란 367
나래가막사리 314
나문재 63
나비나물 121
나팔꽃 201
낙우송 219
낙지다리 101
낚시제비꽃 118
난장이붓꽃 195
난쟁이바위솔 100
난티잎개암나무 227
날개하늘나리 344
남개연 81
남구절초 293
남도현호색 73
남방바람꽃 45
남산제비꽃 116
낭아초 394
내장금란초 140
냉이 80
냉초 229

너도바람꽃 52
넓은잎각시붓꽃 194
넓은잎제비꽃 118
넓은잎쥐오줌풀 156
네귀쓴풀 187
노각나무 383
노란색 자주개자리 132
노란장대 78
노랑갈퀴 124
노랑땅나리 343
노랑무늬붓꽃 196
노랑물봉선 143
노랑미치광이풀 148
노랑붓꽃 196
노랑선씀바귀 167
노랑어리연꽃 189
노랑원추리 335
노랑제비꽃 120
노랑할미꽃 41
노루귀 42
노루발 180
노루삼 57

노루오줌 103
노린재나무 317
노박덩굴 299
논뚝외풀 228
놋젓가락나물 75
누른괭이눈 91
누른하늘말나리 346
누리장나무 432
누린내풀 202
누운주름잎 149
눈개불알풀 151
눈개승마 78
눈비름 68
눈잣나무 213
느릅나무 231
느티나무 232
는쟁이냉이 84

ㄷ

다닥냉이 83
다래나무 253
다릅나무 392

식물명 찾아보기 Index

닥나무 236
단양쑥부쟁이 279
단풍나무 294
단풍잎돼지풀 271
단풍취 268
달래 174
달맞이꽃 161
닭의난초 364
닭의장풀 356
담배풀 264
담쟁이덩굴 410
당개지치 137
당단풍나무 295
당분취 310
대구으아리 373
대극 106
대나물 51
대성쓴풀 131
대청부채 354
댕댕이덩굴 380
더덕 254
덜꿩나무 326

덩굴개별꽃 37
덩굴닭의장풀 357
덩굴박주가리 192
덩굴별꽃 58
도깨비바늘 304
도깨비부채 102
도꼬마리 272
도둑놈의갈고리 122
도라지 257
도라지모시대 249
독말풀 224
독미나리 168
독활 163
돈나무 259
돌가시나무 388
돌나물 88
돌단풍 89
돌마타리 246
돌바늘꽃 158
돌배나무 277
돌양지꽃 109
돌콩 128

동강할미꽃 41
동백나무 254
동의나물 51
동자꽃 54
돼지풀 270
두루미꽃 187
두루미천남성 199
두릅나무 415
두메고들빼기 320
두메담배풀 265
두메대극 107
두메부추 338
둥굴레 184
둥근매듭풀 120
둥근바위솔 99
둥근이질풀 134
둥근잎꿩의비름 95
둥근잎나팔꽃 201
둥근잎돼지풀 271
둥근잎유흑초 198
둥근잎천남성 198
둥근털제비꽃 115

초보자가 꼭 알아야 할 손바닥 식물도감
봄꽃 • 봄나무편

들바람꽃 46
들통발 241
들현호색 74
등 283
등골나물 274
등대시호 165
등대풀 109
등심붓꽃 195
등칡 252
딱지꽃 107
딱총나무 324
땅귀개 238
땅꽈리 221
땅나리 343
땅빈대 138
땅채송화 96
때죽나무 314
떡갈나무 229
떡잎골무꽃 147
뚜껑덩굴 149
뚝갈 245
뚱딴지 262

ㄹ
리기다소나무 215

ㅁ
마가목 280
마디풀 38
마름 155
마타리 246
만병초 421
만삼 256
만수국아재비 315
만주바람꽃 54
만주송이풀 153
말나리 345
말냉이 81
말똥비름 88
말오줌때 303
말털이슬 157
망개나무 405
망초 286
매듭풀 120
매미꽃 69

매발톱꽃 73
매발톱나무 249
매자나무 248
매화노루발 181
매화마름 47
매화말발도리 257
맥문동 348
멍석딸기 267
메꽃 199
메타세쿼이아 218
며느리밑씻개 47
며느리배꼽 46
먹쇠채 161
멸가치 298
명아자여뀌 42
명아주 60
모감주나무 401
모데미풀 56
모래지치 137
모시대 249
목련 238
무늬족도리풀 66

341

식물명 찾아보기 Index

무릇 347
문모초 151
물파리아재비 226
물냉이 82
물달개비 353
물레나물 86
물매화 106
물봉선 142
물양지꽃 108
물여뀌 41
물옥잠 353
물질경이 328
물칭개나물 152
물푸레나무 322
미국가막사리 305
미국나팔꽃 200
미국미역취 277
미국쑥부쟁이 282
미국자리공 49
미꾸리낚시 44
미나리 168
미나리냉이 84

미나리아재비 49
미선나무 320
미역줄나무 403
미역취 276
미치광이풀 148
민구와말 227
민눈양지꽃 95
민둥뫼제비꽃 116
민들레 164
민백미꽃 133

ㅂ

바늘꽃 158
바디나물 173
바람꽃 69
바보여뀌 40
바위떡풀 104
바위말발도리 257
바위솔 98
바위채송화 97
박새 333
박주가리 191

박쥐나무 307
박하 216
반디지치 137
반송 215
반하 197
밤나무 370
방가지똥 169
방아풀 218
방울비짜루 181
방울새란 362
밭뚝외풀 228
배암차즈기 146
배초향 206
배풍등 222
백당나무 328
백령풀 194
백리향 434
백목련 238
백미꽃 133
백부자 75
백선 112
백양꽃 352

초보자가 꼭 알아야 할 손바닥 식물도감
봄꽃 • 봄나무편

백작약 60
백화자란 204
뱀딸기 96
버들금불초 261
버들잎엉겅퀴 309
번행초 32
벋음씀바귀 167
벌개미취 281
벌깨덩굴 142
벌깨풀 142
벌노랑이 101
벌씀바귀 168
벗풀 327
벼룩나물 34
벼룩이자리 34
변산바람꽃 53
별꽃 35
별꽃아재비 302
별나팔꽃 201
별목련 239
병꽃나무 329
병아리꽃나무 262

병아리난초 361
병조희풀 378
보리밥나무 414
보리수나무 306
보춘화 208
복분자딸기 264
복수초 58
복자기 293
복주머니란 202
봄망초 287
봄맞이 128
부산꼬리풀 231
부처꽃 154
부추 337
분꽃나무 325
분홍바늘꽃 159
분홍장구채 57
분홍할미꽃 41
불두화 328
붉나무 400
붉노랑상사화 351
붉은겨우살이 237

붉은대극 108
붉은병꽃나무 329
붉은서나물 267
붉은참반디 121
붉은털여뀌 43
붉은토끼풀 103
붓꽃 195
비목나무 243
비수리 118
비쑥 295
비짜루 180
비짜루국화 285
뻐꾹나리 336
뻐꾹채 171
뽕나무 234
뽕모시풀 34
뽀냉이 81

ㅅ

사데풀 323
사람주나무 397
사마귀풀 355

사위질빵 374
사철나무 404
산가막살나무 327
산골무꽃 205
산괭이눈 93
산괴불주머니 76
산구절초 292
산국 294
산꼬리풀 231
산꿩의다리 70
산달래 174
산돌배 277
산딸기 265
산딸나무 309
산마늘 175
산민들레 165
산박하 217
산벚나무 271
산부추 339
산비장이 311
산뽕나무 234
산사나무 272

산솜다리 260
산수국 384
산여뀌 43
산오이풀 113
산외 151
산자고 176
산작약 60
산쥐손이 136
산지치 137
산철쭉 312
산초나무 398
산톱풀 300
산해박 193
살갈퀴 99
삼백초 84
삼지구엽초 62
삽주 303
삿갓나물 191
상산 289
상수리나무 228
새끼꿩의비름 95
새끼노루귀 43

새머루 407
새며느리밥풀 235
새모래덩굴 251
새박 150
새비나무 427
새완두 100
새우난초 207
새콩 129
새팥 127
생강나무 244
서양금혼초 163
서양등골나물 275
서양민들레 165
서울제비꽃 118
서울족도리풀 67
석산 350
석잠풀 209
선개불알풀 151
선괭이눈 90
선괭이밥 104
선괴불주머니 90
선씀바귀 167

초보자가 꼭 알아야 할 손바닥 식물도감
봄꽃 • 봄나무편

설앵초 127
섬광대수염 144
섬꼬리풀 231
섬남성 199
섬노루귀 43
섬말나리 345
섬매발톱나무 249
섬백리향 434
섬시호 165
섬초롱꽃 157
섬현호색 75
세바람꽃 45
세복수초 59
세뿔투구꽃 75
세잎양지꽃 94
세잎종덩굴 377
세잎쥐손이 136
소경불알 255
소나무 214
소리쟁이 37
소태나무 290
속단 220

속속이풀 86
솔나리 343
솔나물 197
솔체꽃 248
솜나물 158
솜방망이 159
솜양지꽃 95
송악 416
송이풀 237
송장풀 207
쇠별꽃 35
쇠비름 50
쇠뿔현호색 75
쇠서나물 316
쇠채 160
쇠채아재비 161
수까치깨 147
수련 83
수리취 312
수박풀 144
수송나물 66
수염가래꽃 258

수염며느리밥풀 235
수염패랭이꽃 53
수염현호색 73
수영 31
수정란풀 122
숙은노루오줌 103
숙은촛대승마 79
순비기나무 431
순채 80
술패랭이꽃 53
숫잔대 259
쉬나무 399
쉬땅나무 386
쉽싸리 212
승마 78
시베리아살구 273
시호 164
신갈나무 229
신나무 292
실거리나무 281
실망초 287
싱아 39

색인
Index

싸리 390
쑥부쟁이 278
쓴풀 187
씀바귀 166

ㅇ

아그배나무 275
아까시나무 284
아마풀 137
안면용둥굴레 185
앉은부채 200
알록제비꽃 119
알며느리밥풀 235
암대극 107
애기골무꽃 205
애기괭이눈 92
애기괭이밥 105
애기금강제비꽃 117
애기나리 188
애기나팔꽃 201
애기땅빈대 139
애기똥풀 68

애기메꽃 199
애기물꽈리아재비 226
애기봄맞이 129
애기솔나물 197
애기송이풀 153
애기수영 31
애기쉽싸리 213
애기앉은부채 358
애기중의무릇 173
애기참반디 121
애기풀 113
앵초 126
야광나무 274
약난초 205
약모밀 85
양미역취 277
양버들 226
양장구채 39
양지꽃 94
양하 360
어리연꽃 189
어수리 179

어저귀 145
얼레지 177
얼치기완두 100
엉겅퀴 308
여뀌 40
여뀌바늘 160
여로 332
여우오줌 263
여우콩 130
여우팥 126
연꽃 83
연복초 155
연영초 193
연잎꿩의다리 70
연지골무꽃 205
연화바위솔 99
염주괴불주머니 77
영아자 253
예덕나무 396
오갈피나무 418
오동나무 323
오리방풀 219

초보자가 꼭 알아야 할 **손바닥 식물도감**
봄꽃 • 봄나무편

오미자덩굴 242
오이풀 112
옥녀꽃대 65
옥잠난초 366
올괴불나무 331
왕고들빼기 319
왕과 152
왕매발톱나무 249
왕머루 305
왕버들 225
왕씀배 322
왕원추리 335
왕자귀나무 389
왕제비꽃 117
왜개연꽃 81
왜미나리아재비 49
왜박주가리 192
왜솜다리 260
왜제비꽃 119
왜현호색 72
외대으아리 373
용담 188

용둥굴레 185
우단담배풀 233
우산나물 291
울릉미역취 276
울릉장구채 57
울산도깨비바늘 304
원지 113
원추리 334
위도상사화 351
윤노리나무 278
윤판나물 186
윤판나물아재비 186
으름덩굴 250
으아리 372
은꿩의다리 72
은방울꽃 183
은잎쥐오줌풀 156
은행나무 210
음나무 420
이고들빼기 324
이삭귀개 239
이삭여뀌 41

이질풀 134
이팝나무 318
익모초 208
일본목련 239

ㅈ

자귀나무 389
자귀풀 117
자금우 423
자라풀 329
자란 204
자리공 48
자목련 239
자운영 102
자주가는오이풀 113
자주개자리 132
자주광대나물 145
자주괭이밥 105
자주괴불주머니 76
자주꽃방망이 251
자주꿩의다리 72
자주땅귀개 239

색인
Index

자주목련 239
자주송대 190
자주쓴풀 187
자주잎제비꽃 119
자주조희풀 378
자주족도리풀 66
작살나무 428
잔대 250
잔털제비꽃 115
잣나무 213
장구밤나무 411
장구채 56
장대나물 85
장대냉이 92
장대여뀌 42
장백제비꽃 120
전나무 211
전동싸리 133
절국대 232
절굿대 313
점나도나물 33
점박이천남성 199

점현호색 75
젓가락나물 50
정금나무 313
정선바위솔 99
정선황기 131
정영엉겅퀴 309
정향풀 132
제비꽃 114
제비꿀 30
제비동자꽃 55
제주상사화 351
조개나물 141
조록싸리 390
조밥나물 317
조뱅이 307
조선현호색 73
조팝나무 261
족도리풀 66
족제비싸리 286
족제비쑥 296
졸방제비꽃 117
졸참나무 230

좀가지풀 124
좀개미취 281
좀개소시랑개비 97
좀깨잎나무 371
좀꿩의다리 72
좀닭의장풀 356
좀딱취 269
좀명아주 61
좀목형 430
좀바위솔 99
좀싸리 391
좀씀바귀 168
좀작살나무 429
좀향유 215
좀현호색 75
좁쌀냉이 82
좁쌀풀 184
종덩굴 376
주걱개망초 287
주름잎 149
주목 216
주홍서나물 325

죽단화 263
죽대 186
줄딸기 266
줄민동뫼제비꽃 116
중나리 340
중의무릇 173
쥐꼬리망초 242
쥐꼬리풀 192
쥐똥나무 319
쥐방울덩굴 88
쥐손이풀 135
쥐오줌풀 156
쥐털이슬 157
지느러미엉겅퀴 308
지리강활 177
지치 136
지칭개 170
진노랑상사화 351
진달래 310
진득찰 299
진범 77
진퍼리까치수염 183

진황정 184
질경이 244
질경이택사 326
짚신나물 114
쪽동백나무 315
찔레나무 268

ㅊ

차나무 382
차풀 116
찰피나무 413
참개별꽃 37
참골무꽃 204
참꽃마리 138
참나리 342
참나물 170
참당귀 176
참바위취 104
참반디 166
참배암차즈기 210
참싸리 391
참오동나무 323

참으아리 372
참좁쌀풀 184
참취 283
참통발 241
참회나무 301
창명아주 61
창질경이 154
창포 201
처녀치마 172
천남성 198
천마 363
천문동 182
천일담배풀 266
철쭉 311
청닭의난초 364
초롱꽃 157
초피나무 288
촛대승마 79
취명아주 61
층꽃나무 433
층층나무 308
층층둥굴레 186

색인
Index

층층이꽃 211
칠면초 64
칠보치마 331
칡 393

ㅋ

콩다닥냉이 83
콩배나무 276
콩제비꽃 115
콩팥노루발 180
큰개미자리 38
큰개별꽃 37
큰개불알풀 150
큰괭이밥 105
큰구슬붕이 130
큰까치수염 183
큰꼭두서니 196
큰꽃으아리 247
큰꿩의비름 95
큰나비나물 121
큰달맞이꽃 161
큰도꼬마리 273
큰도둑놈의갈고리 123
큰두루미꽃 187
큰땅빈대 139
큰바늘꽃 159
큰방가지똥 169
큰방울새란 362
큰뱀무 110
큰비쑥 295
큰세잎쥐손이 136
큰애기나리 189
큰앵초 127
큰엉겅퀴 309
큰여우콩 130
큰연영초 193
큰원추리 334
큰잎쓴풀 187
큰점나도나물 33
큰제비고깔 76
큰조롱 190
큰참나물 170
큰천남성 199
키버들 223

ㅌ

타래난초 365
타래붓꽃 195
태백기린초 93
태백바람꽃 45
태백제비꽃 116
택사 326
터리풀 111
털갯완두 98
털기름나물 174
털동자꽃 55
털머위 288
털별꽃아재비 302
털부처꽃 154
털여뀌 43
털이슬 156
털장구채 56
털장대 85
털제비꽃 119
털조록싸리 391
털중나리 341
털진득찰 299

초보자가 꼭 알아야 할 **손바닥 식물도감**
봄꽃 • 봄나무편

토끼풀 103
톱풀 300
통발 240
투구꽃 74
퉁둥굴레 185
퉁퉁마디 62
튤립나무 241

ㅍ

파드득나물 167
파리풀 243
팔손이 417
팥배나무 279
패랭이꽃 52
팽나무 233
포천구절초 293
푸른천마 363
푼지나무 298
풀솜대 190
풍도대극 109
풍란 367
피나무 412

피나물 69

ㅎ

하늘나리 344
하늘말나리 346
하늘매발톱 73
하늘타리 148
한계령풀 63
한라꽃향유 215
한라돌쩌귀 75
한련초 301
할미꽃 40
할미밀망 246
함박꽃나무 240
해국 284
해당화 269
해란초 225
해홍나물 65
향나무 217
향유 215
헛개나무 406
현호색 72

호랑가시나무 297
호랑버들 224
호자덩굴 195
호제비꽃 120
홀아비꽃대 65
홀아비바람꽃 44
홍도까치수염 183
홑왕원추리 335
화살나무 300
환삼덩굴 35
활량나물 124
황기 131
황매화 263
황새냉이 82
회리바람꽃 45
회양목 304
흑박주가리 192
흑삼릉 359
흑쐐기풀 36
흰광대나물 145
흰금강초롱꽃 252
흰금낭화 71

색인
Index

흰꽃여뀌 41
흰꽃장구채 57
흰꽃향유 214
흰꿀풀 143
흰대극 110
흰동자꽃 54
흰명아주 60
흰무릇 347
흰물봉선 142
흰민들레 164
흰산철쭉 312
흰색 자주개자리 132
흰송이풀 237
흰씀바귀 166
흰알며느리밥풀 235
흰일레지 177
흰자주꽃방망이 251
흰전동싸리 133
흰젖제비꽃 115
흰제비꽃 114
흰좀작살나무 429
흰진달래 310

흰진범 77
흰철쭉 311
흰턱괭이눈 93
흰털제비꽃 120
히어리 255